Sitzungsberichte
der Akademie der Wissenschaften
der DDR
Mathematik – Naturwissenschaften – Technik

18 N

1977

Beiträge zur Kenntnis fadenbildender Polymere

AKADEMIE-VERLAG · BERLIN

Sitzungsberichte
der Akademie der Wissenschaften
der DDR
Mathematik — Naturwissenschaften — Technik

Jahrgang 1977 · Nr. 18/N

Beiträge zur Kenntnis fadenbildender Polymere

AKADEMIE-VERLAG · BERLIN
1977

Wissenschaftliches Festkolloquium aus Anlaß des 80. Geburtstages von Akademiemitglied Erich Correns, gemeinsame Veranstaltung der Klasse Chemie und des Instituts für Polymerenchemie der Akademie der Wissenschaften der DDR am 15. und 16. Juni 1976

Herausgegeben im Auftrage
des Präsidenten der Akademie
der Wissenschaften der DDR
von Vizepräsident Prof. Dr. Heinrich Scheel

Erschienen im Akademie-Verlag, 108 Berlin, Leipziger Str. 3–4

Lizenznummer: 202 · 100/374/77
Gesamtherstellung: VEB Druckhaus Köthen
Bestellnummer: 762 589 2 (2010/77/18/N) · LSV 1255
Printed in GDR
DDR 24,– M

Inhalt

B. Philipp/H.-J. Purz

Möglichkeiten und Grenzen der Anwendung morphologischer Methoden in der Celluloseforschung

1. Einführung

Unter den so vielseitigen und so wesentlichen Ergebnissen und Impulsen, die das Gesamtgebiet der Celluloseforschung dem Wirken von Erich Correns verdankt, nehmen seine morphologischen Arbeiten einen besonderen Platz ein. Hat doch der Jubilar gerade hier nicht nur durch eigene Beiträge den Erkenntnisprozeß vorangetrieben, angefangen mit den Untersuchungen zur Quellungsmorphologie von Zellstoffen gemeinsam mit Dolmetsch und Franz [1] bis hin zu den jüngsten Arbeiten über Bakteriencellulose [2], sondern mit mindestens gleichem Gewicht durch seine Anregungen und Hinweise Forschungsarbeiten von Fachkollegen und Schülern initiiert und gefördert, ganz besonders während seiner Tätigkeit als Direktor des damaligen Instituts für Faserstofforschung unserer Akademie.

Anliegen dieses Vortrags ist es, die wesentlichen Ergebnisse der aus diesen Anregungen enstandenen morphologischen Arbeiten des Instituts zusammenzufassen und anhand dieser Beispiele unter Mitheranziehung der Ergebnisse anderer Autoren den heute erreichten Stand, die realisierten Möglichkeiten morphologischer Forschung auf dem Cellulosegebiet zu umreißen und die offenen Probleme aufzuzeigen.

Um den Rahmen eines Festvortrags nicht zu sprengen, erfolgt eine bewußte Beschränkung auf Ergebnisaussagen für die Celluloseforschung, und die das Fundament solcher Erkenntnisse bildende methodische Seite bleibt unberücksichtigt. Verständlicherweise bilden licht- und elektronenmikroskopische Arbeiten den Schwerpunkt der folgenden Darlegungen, gleichzeitig werden jedoch Ergebnisse mit herangezogen, die mit anderen, auf Größe und Gestalt morphologischer Struktureinheiten ansprechenden Methoden, wie der Quecksilberporosimetrie, der konduktometrischen Partikelzählung oder der Sedimentationsmessung erhalten wurden. Anhand ausgewählter Beispiele soll dabei gezeigt werden, daß die Aussagemöglichkeiten morphologischer Methoden nicht auf eine statische Betrachtung von Strukturen beschränkt sind, sondern innerhalb gewisser Grenzen durchaus die Dynamik von Strukturveränderungen, von an der Cellulosefaser ablaufenden Prozessen zu erfassen gestattet, beispielsweise beim Holzaufschluß zur Isolierung des Celluloseanteils, bei Quell- und Löseprozessen mit und ohne permanente Substitution an der Cellulosekette oder bei der Fadenbildung im Viskoseprozeß.

2. *Erreichter Stand und offene Probleme morphologischer Celluloseforschung anhand ausgewählter Beispiele*

2.1. Zur morphologischen Struktur der nativen Cellulose

Als Resultat einer rund hundertjährigen morphologischen Forschung liegt heute die gesicherte Erkenntnis vor, daß alle nativen Cellulosen eine fibrilläre Struktur aufweisen, wobei im Sinne einer gewissen hierarchischen Ordnung die kleinsten direkt abbildbaren fibrillären Strukturelemente stufenweise zu höheren ebenfalls fibrillaren oder lamellaren Struktureinheiten aggregiert sind. Daß diese fibrillare Struktur nicht nur bei Cellulosefasern vorliegt, zeigt Abb. 1 am Beispiel der von

Abb. 1 a) Bakteriencellulosefibrillargeflecht. Durchmesser 50 bis 100 nm. Lufttrocknung C/Pt-Oberflächenabdruck, TEM
b) Bakteriencellulose-Fibrillarstrang in Gallerte, nie-getrocknet, Gefrierätzung, TEM

Correns und Purz [2, 3] in morphologischer Hinsicht eingehend untersuchten Bakteriencellulose, die in nativer Form makroskopisch eine scheinbar amorphe Gallerte darstellt, im elektronenmikroskopischen Bild jedoch als Netzwerk regelmäßiger, einige µm langer und 50—100 nm dicker Fibrillarstränge erscheint. Auf Basis einer synoptischen Interpretation licht- und elektronenmikroskopischer, diffraktometrischer, sowie der mit weiteren physikalischen Methoden gewonnenen Experimentalergebnisse verfügen wir heute über eine durchgängige Linie von Modellvorstellungen zur Struktur nativer Cellulosefasern, von der Konformation des einzelnen Glucoserings und der Konformation der Einzelkette über die Aggregation solcher Ketten zu den vor allem über Wasserstoffbrücken zusammengehaltenen Kristallitsträngen bis hin zu den höheren im Lichtmikroskop sichtbaren morphologischen Struktureinheiten (Abb. 2).

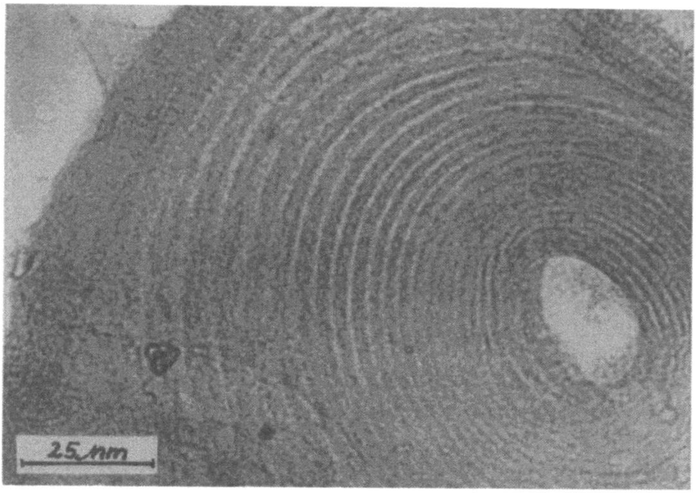

Abb. 2 Baumwolle, gequollen in Cuen, Querschnitt, LM

Trotz dieser unter wesentlicher Heranziehung morphologischer Methoden und Ergebnisse erreichten Fortschritte gibt es nach wie vor eine Reihe offener, z. T. grundsätzlicher Fragen und Probleme, an deren Lösung zur Zeit intensiv gearbeitet wird:

– die eben genannte durchgängige Linie von Modellvorstellungen weist speziell im Grenzbereich zwischen den mittels Elektronenmikroskopie und mittels Diffraktometrie erfaßbaren Strukturebenen Unsicherheiten und ungeklärte Alternativen auf. Offen ist beispielsweise, ob im Kristallstrang die Ketten parallel oder antiparallel angeordnet sind und ob sie in gefalteter oder gestreckter Form vorliegen, wobei zur Zeit ein Modell mit gestreckten Ketten der Gesamtheit der Experimentalergebnisse besser gerecht wird.
– die immer wieder bestätigte fibrilläre Struktur nativer Fasercellulose wirft die Frage nach möglichen nichtfibrillären Strukturen auf, die für die Strukturbildung aus Celluloselösungen teilweise noch offen ist. Bei nativer Cellulose läßt sich offensichtlich nur durch eine sehr drastische Behandlung, z. B. durch eine Art Schmelzprozeß im Laserstrahl [4] eine nichtfibrilläre Struktur erreichen (Abb. 3).
– verhältnismäßig wenig wissen wir über das der fibrillären Struktur komplementäre Poren- und Hohlraumsystem in nativen und regenerierten Cellulosefasern, dessen vertiefte Kenntnis jedoch für deren Gebrauchsverhalten ebenso wie für deren chemische Modifizierung notwendig erscheint.
– noch weithin ungeklärt ist auch die Biogenese der Fibrillenstruktur nativer Fasercellulosen, also beispielsweise die Frage nach dem Mechanismus des Spitzenwachstums der Fibrillen oder die Frage, ob die Ausbildung dieser

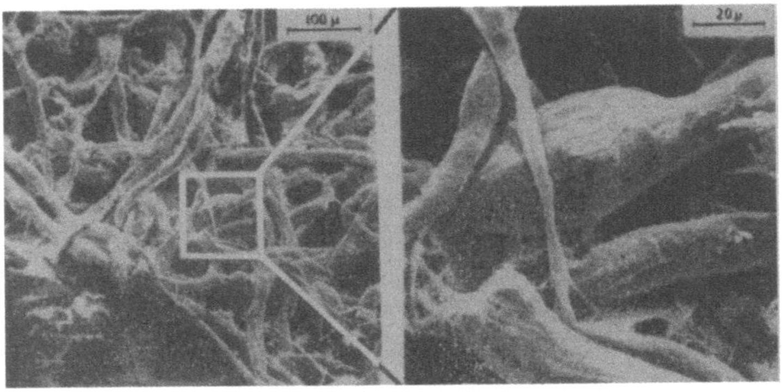

Abb. 3 Zerstörung der Fibrillarstruktur im Laserstrahl, SEM nach Nordin, Nyrén und Back. Svensk Papperstidn. **76** (1973) 16, S. 609–610

regelmäßigen Fibrillenstruktur eines zusätzlichen biologischen Steuerungsmechanismus bedarf oder allein durch die Konformation der Cellulosekette bedingt ist.

Die Vervollkommnung der licht- und elektronenmikroskopischen Methoden, insbesondere die Scanning-Mikroskopie, eröffnete in den letzten Jahren ein weites Feld applikationsorientierter Forschung zur Aufstellung von Struktureigenschaftsbeziehungen und Strukturwirkungsbeziehungen bei Celluloseprodukten. Neben der naheliegenden und seit langem genutzten Möglichkeit, Faserschädigungen durch licht- und elektronenmikroskopische Aufnahmen zu erkennen, oder Deformations- und Bruchvorgänge an Cellulosefasern mit ihren morphologischen Ursachen, z. B. einer veränderten Fibrillenanordnung [5], zu korrelieren, sei hier vor allem die Aussagekraft morphologischer Untersuchungen bei Sorptions-, Trenn- und Trägermedien aus Cellulose hervorgehoben. So wird das Durchlaufverhalten eines Cellulosepulvers in der chromatographischen Säule wesentlich durch Größe, Größenverteilung, Form und Aggregationszustand der Partikel bestimmt. Die einer gemeinsam mit dem finnischen Zellstoff- und Papierforschungsinstitut durchgeführten Arbeit von Dautzenberg und Ilvesalo-Pfäffli [5 a] entnommenen Scanning-Aufnahmen (Abb. 4) mögen zeigen, in welch weiten Grenzen diese Parameter bei nur recht geringen Veränderungen im Herstellungsprozeß der Pulver variieren können. Auch das Deformations- und Sedimentationsverhalten der aus solchen Pulvern durch Kolloidvermahlung herstellbaren Gele und damit deren Gebrauchsverhalten in Pharmazie und Kosmetik wird durch morphologische Parameter der das Gelnetzwerk aufbauenden Partikel (Abb. 5) wesentlich bestimmt [6].

2.2. Cellulose als Verbundkomponente in der Struktur der verholzten Pflanzenzellwand

Von den zahlreichen Einsatzrichtungen morphologischer Methoden in der Holzforschung soll hier — der Thematik dieses Vortrags entsprechend — nur die Mor-

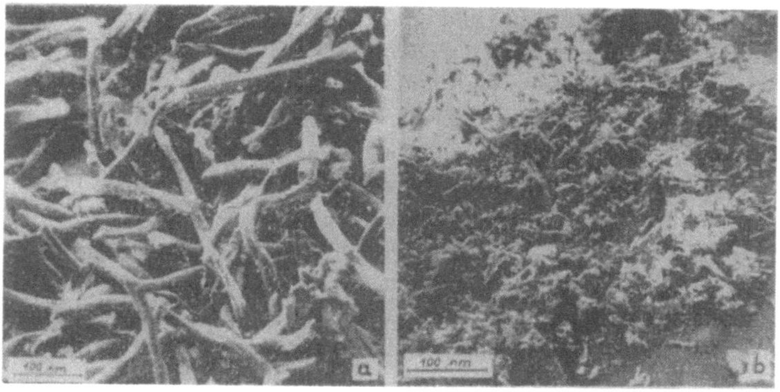

Abb. 4 Cellulosepulver FNA (NC-Linters) und FND (AC-Linters), SEM

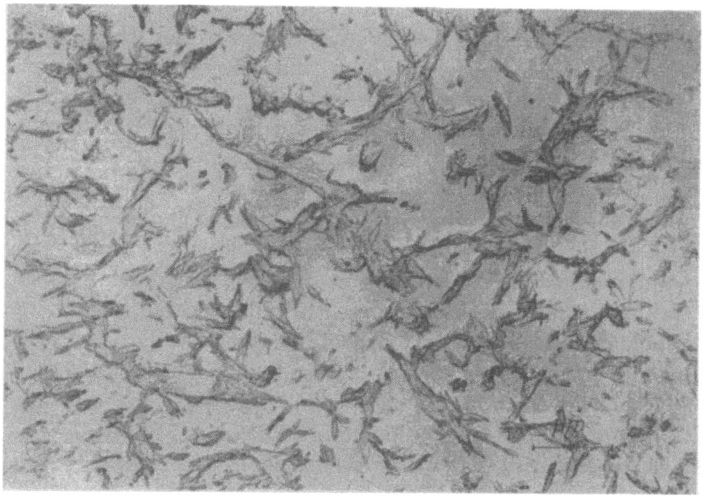

Abb. 5 Cellulosepulver (LODP, Linters) nach der Gelvermahlung mit Partikelgrößen $< 1 \mu m$, Gefrierätzung, C/Pt-Ir-Abdruck, TEM

phologie und Topochemie der Delignifizierung, also der Isolierung der Cellulosekomponenten aus dem Verbund der verholzten Pflanzenzellwand behandelt werden. Derartige Untersuchungen haben in den letzten Jahrzehnten wesentlich zum besseren Verständnis der Struktur des Holzes selbst beigetragen, aber auch zu entscheidenden Erkenntnissen über Zusammenhänge zwischen Aufschlußverlauf und Zellstoffeigenschaften geführt. Als Beispiele seien hier die nun schon klassischen UV-mikroskopischen Untersuchungen von P. W. Lange u. a. [7] über die Ligninverteilung in den einzelnen Zellwandschichten, sowie die grundlegenden Arbeiten von Jayme und seiner Schule [8] über die unterschiedliche Struktur von Sulfit-

und Sulfatzellstoffen im getrockneten und ungetrockneten Zustand erwähnt. Unsere eigenen von ERICH CORRENS angeregten und vielfältig geförderten Arbeiten auf diesem Gebiet konzentrierten sich auf das Verhalten sog. Reaktionshölzer beim Aufschlußprozeß, d. h. von Zugholz der Pappel bzw. Druckholz der Lärche, das bei mechanischer Beanspruchung des Baumstammes durch Windeinwirkung gebildet wird und im anatomischen Bau der Zellwände wesentliche Abweichungen vom Normalholz aufweist. Bei diesen vor allem von CASPERSON und JACOPIAN durchgeführten Arbeiten [9] wurden die Anatomie der Ausgangshölzer, die Topochemie und Morphologie der verschiedenen Stadien eines sauren oder eines alkalischen Aufschlusses, das Quell- und Löseverhalten der so gewonnenen Zellstoffe und schließlich die Reaktivität der Stoffe im Viskoseprozeß durchgängig untersucht und dabei eine chemisch-morphologische Arbeitsmethodik entwickelt, die wir später unter Einbeziehung der Quecksilberporosimetrie gemeinsam mit PAUL [10] auch auf Fragen des Bagasseaufschlusses übertrugen. Auf Grund unserer Ergebnisse halten wir diese Kombination von Licht- und Elektronenmikroskopie einerseits, chemisch-analytischer Verfolgung des Aufschlußprozesses andererseits gemeinsam mit einer quantitativen Verfolgung von Änderungen des Hohlraumvolumens mittels Quecksilberporosimetrie für recht aussagekräftig und verallgemeinerungsfähig, um die Auswirkungen morphologischer Einflußgrößen auf den Aufschlußprozeß bei Holz- und Einjahrespflanzen zu studieren. Als Ergebnisbeispiel sei hier ein Vergleich von Normalholz- und Zugholzfasern der Pappel herausgegriffen. In der Struktur des Ausgangsholzes erkennen wir als anatomische Besonderheit der Zugholzzellen die sog. G-Schicht, d. h. eine aus sehr kompakt zusammengelagerten Cellulosefibrillen bestehende, die Zellwand nach dem Lumen hin abschließende Schicht (Abb. 6). Beim sauren Bisulfitaufschluß, der ohne wesentliche Quellung abläuft, nivellieren sich im Laufe des Aufschlußprozesses die Unterschiede zwischen der ursprünglich stärker lignifizierten Sekundärwand und der ligninfreien G-Schicht. Bei dem unter starker Faserquellung verlaufenden alkalischen Aufschluß hingegen bleibt die kompakte Struktur der G-Schicht gegenüber der sich allmählich zu einem Fibrillennetzwerk auflockernden Sekundärwand deutlich erhalten, und infolge quellungsbedingter Spannungen kommt es schließlich zu einer elektronenmikroskopisch deutlich sichtbaren Trennung beider Schichten (Abb. 7), die vor allem für das Mahlverhalten solcher Stoffe bei der Papierherstellung interessant sein dürfte. Daß selbst bei sauer erkochten, also ohne stärkere Faserquellung delignifizierten Pappelsulfitzellstoffen noch Unterschiede zwischen Normalholzfasern und Zugholzfasern vorhanden sind, erkennt man bei der Quellung in alkalischen Komplexlösemitteln (Abb. 8 a und b), indem hier die Zugholzfasern im Gegensatz zu den Normalholzfasern im Quellungsbild eine Vielzahl von Querrissen aufweisen und grundsätzlich langsamer gequollen und gelöst werden als Zellstoffasern aus Normalholz. Gerade diese quellungsmorphologischen Untersuchungen an Zugholz- und Normalholzfasern der Pappel ließen uns eine grundsätzliche Grenze der Aussagefähigkeit morphologischer Untersuchungsmethoden bei der Verfolgung von Prozessen an Cellulosefaserstrukturen deutlich er-

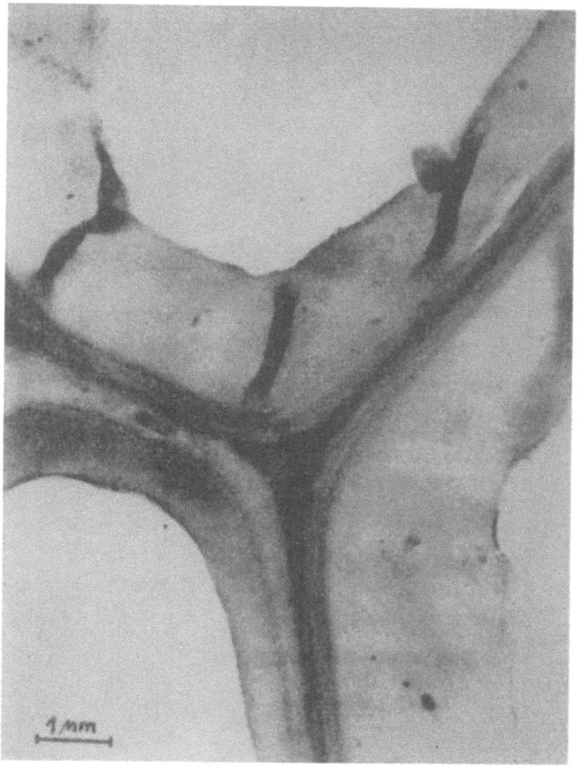

Abb. 6 Querschnitt durch Reaktionsholz der Pappel im alkalischen Aufschluß mit 4%iger NaOH bis 110 °C. Zwei Normalholzzellen (oben und rechts) und eine Reaktionszelle links mit sehr schmaler G-Schicht, TEM

kennen, nämlich eine große Streubreite hinsichtlich des Quell- und Löseverhaltens der Einzelfaser, die zur Gewinnung zuverlässiger Aussagen entweder die Betrachtung eines größeren Faserkollektivs bei geringer Vergrößerung im Lichtmikroskop, oder aber bei Anwendung einer elektronenmikroskopischen Methodik die Anfertigung und vergleichende Auswertung einer Vielzahl von Aufnahmen am gleichen Objekt erforderlich macht.

2.3. Morphologische Verfolgung heterogener Umsetzungen an Cellulosefasern im Zusammenhang mit Quell- und Löseprozessen

Wie bereits eben am speziellen Beispiel der Pappelzellstoffe angedeutet wurde, stellen die Quell- und Löseprozesse von Cellulosefasern in ihrer Gesamtheit seit Jahrzehnten ein außerordentlich dankbares Objekt licht- und elektronenmikroskopischer Untersuchungen dar, sowohl zum Zwecke der Aufklärung der Morpho-

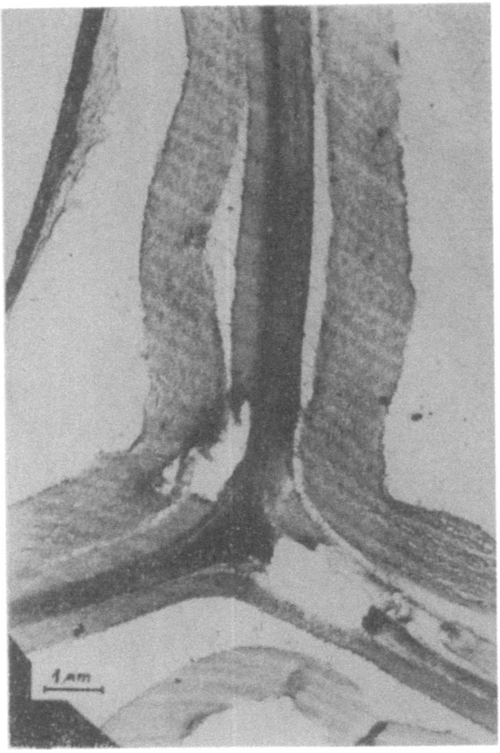

Abb. 7 Querschnitt durch Reaktionsholz der Pappel im alkalischen Aufschluß mit 4%iger NaOH bis 160 °C. Aufreißen der Zellwand durch Quellungsdruck. Die G-Schicht hebt sich teilweise von der S_2 ab, TEM

logie spezieller Faserstrukturen als auch mit dem Ziel eines Vergleiches der Quellwirkung verschiedener Agenzien oder schließlich auch zur Erfassung struktureller Veränderungen nach einer physikalischen oder chemischen Behandlung der Faser, beispielsweise einer Vernetzung von Baumwolle über Ätherbrücken. Da den Quellungsvorgängen von Faserstoffen im Rahmen dieser Veranstaltung ein eigener Vortrag gewidmet ist, soll hier auf unsere gemeinsam mit dem Chemiefaserkombinat Schwarza durch Hampe und Baudisch vorgenommenen quellungsmorphologischen Untersuchungen an verschiedenartig hergestellten Kräuselzellwollen [11] und Viskosecordseiden [12], sowie auf Arbeiten zum systematischen Vergleich der Wirkung verschiedener Quellmittel [12] nicht näher eingegangen werden. Hingewiesen sei jedoch anhand einiger Beispiele aus der Arbeit des Instituts auf die große Bedeutung ergänzender morphologischer Aussagen für das Verständnis heterogener Reaktionsabläufe an Cellulosefaserstoffen. So ist seit langem bekannt, daß man den sog. Kristallisationsgrad nativer Fasercellulosen durch Behandlung

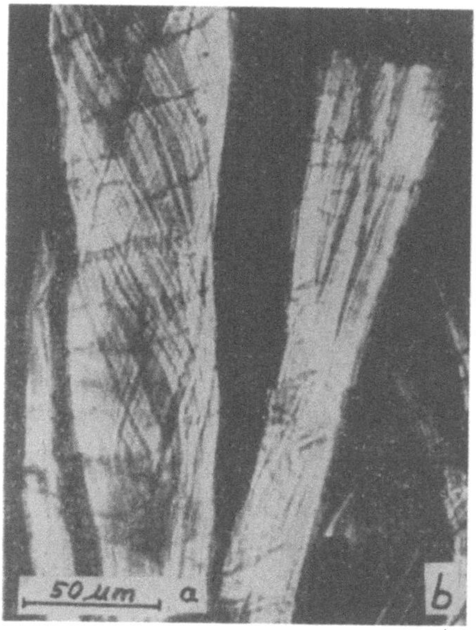

Abb. 8a

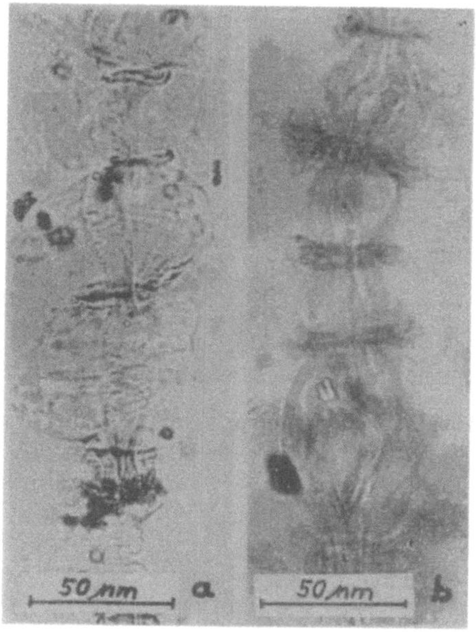

Abb. 8b

Abb. 8 a Faserquellung von Normalholz- und Zugholzfaser (Pappel in Cuen in polarisiertem Licht. Normalholz mit Schraubentextur (a), Zugholzfaser mit Paralleltextur (b), LM

Abb. 8 b Kugelbauchquellung in Cuen. Normalholzfaser mit beginnendem Querzerfall und ausgeprägter S_3 (a), Zugholzfaser mit Längsstruktur (b), LM

mit flüssigem Ammoniak stark herabsetzen kann, ohne daß damit nach Entfernung des Reagens eine bleibende chemische Veränderung an der Cellulosekette verbunden ist. Ergänzende licht- und elektronenmikroskopische Untersuchungen führten dabei zu der Feststellung, daß gleichzeitig eine erhebliche Strukturveränderung an der Oberfläche der Faser bzw. eines Cellulosepartikels erfolgt, offenbar auf Grund tiefgreifender morphologischer Gefügeänderungen bei der intermediären Bildung einer Ammoniakcellulose, wie dies aus den Scanning-Aufnahmen (Abb. 9 a und 9 b) an unbehandelten und dekristallisierten Cellulosepulvern hervorgeht. Von Schleicher und Wagenknecht [13] durchgeführte Untersuchungen zum Lösemechanismus der Cellulose in nichtwäßrigen Lösemittelsystemen wurden durch lichtmikroskopische Aufnahmen während verschiedener Stadien des Löseprozesses ergänzt und führten hier zwar gleichzeitig mit den Ergebnissen japanischer Autoren [14] zu der Erkenntnis, daß solche nichtwäßrigen Systeme überwiegend von der Faseroberfläche aus angreifen und über spindelförmige Bruchstücke als Zwischenstufe die Faser auflösen, während wäßrige Metallkomplexlösungsmittel, wie Kupferoxidammoniak, die Faser unter sog. Kugelbauchbildung von innen heraus aufquellen und dann auflösen (Abb. 10 a

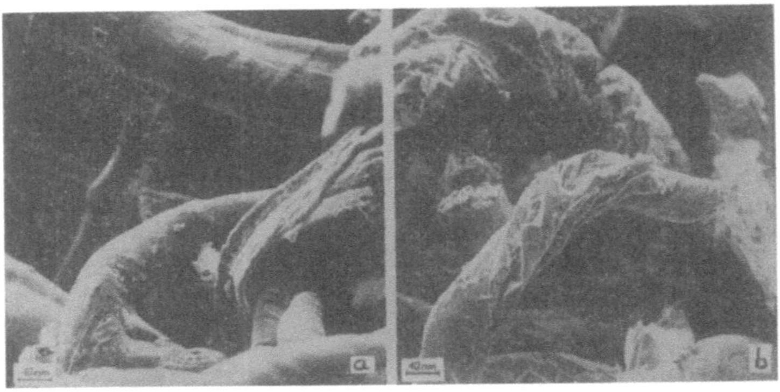

Abb. 9 Cellulosepulver FNA (NC-Linters), a) — unbehandelt, b) NH_3-Behandlung, SEM

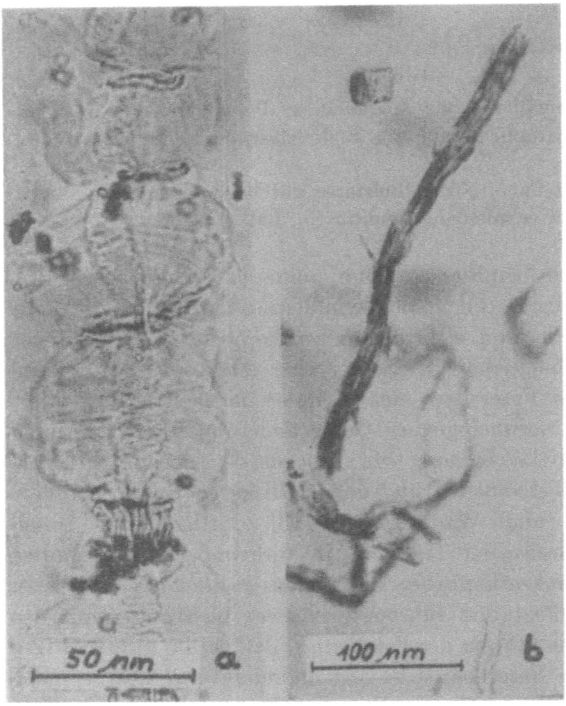

Abb. 10 a) Kugelbauchquellung einer Normalholzfaser (Pappel) in Cuen b) Quellung einer Zellstoff-Faser in einer NO_2-DMF-Lösung, LM

und 10 b). Auch dieser Unterschied in der Lösemorphologie spricht u. E. für das Auftreten relativ großvolumiger Donator-Acceptor-Komplexe, z. B. zwischen SO_2, Amin und polarer Drittkomponente [15] als lösungsaktivem Agens in Einklang mit physiko-chemischen Untersuchungsergebnissen, indem diese großvolumigen EDA-Komplexe nicht so rasch bzw. so weit in das Porensystem der Faserstruktur eindringen können wie die Ionen niedermolekularer Metallkomplexe und aus diesem Grunde überwiegend von der Oberfläche her die Faserstruktur auflösen.

Daß auch bei ausgesprochen klassischen Cellulosereaktionen, wie der Acetylierung oder der Xanthogenierung, morphologische Methoden auch heute noch zu neuen Erkenntnissen über Reaktionsabläufe und deren Auswirkung im Produktionsprozeß führen können, sei anhand der nächsten Bilder demonstriert: gemeinsam mit Leuteritz [16] wurde bei der Lösungsacetylierung von Linters ein ausgeprägt lokaler lochfraßartiger Angriff auf die Faserstruktur festgestellt (Abb. 11), d. h. wir haben es hier mit einer ausgesprochen ungleichmäßigen

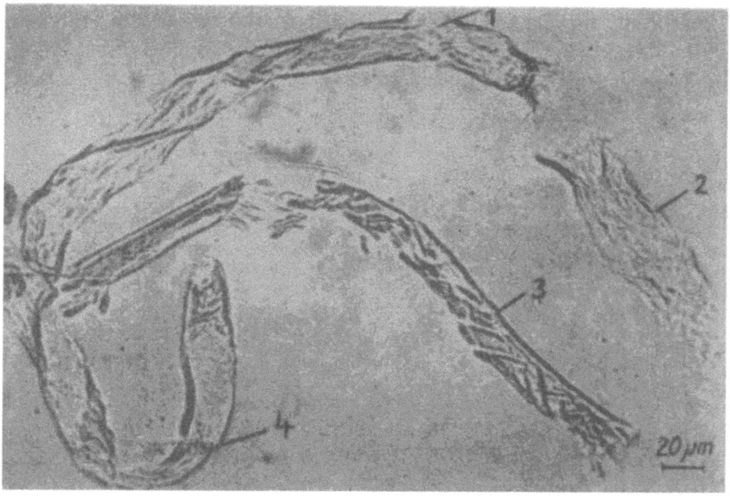

Abb. 11 Acetylierung von Linters (4 min)
1 — Lochfraß, 2 — praktisch strukturlose Auflösung gequollener Fasern, 3 — ausgeprägte Spiralstrukturen, 4 — angedeuteter Querzerfall; LM

heterogenen Reaktionsweise der Cellulosefaser zu tun, wobei im technischen Acetylierungsprozeß diese Ungleichmäßigkeit durch geeignete Voraktivierung so weit wie möglich nivelliert werden muß. Bei der Xanthogenatbildung und Xanthogenatauflösung hingegen kann man von einer quasi homogenen Reaktionsweise der Cellulose sprechen, die Auflösung erfolgt rasch, ziemlich gleichmäßig und weitgehend vollständig, und entscheidend für den Produktionsprozeß zur Herstellung der Viskosespinnlösung sind mengenmäßig sehr geringe ungelöste Faseranteile. Eine morphologische Verfolgung dieses sehr raschen Löseprozesses muß sich daher entweder der Methode der Kinematographie bedienen, deren Eignung für diese spezielle Fragestellung hier im Institut vor allem durch SCHRAMEK [17] gezeigt wurde, oder man muß durch Zusatz eines Nichtlösers den Prozeß verlangsamen und auf der Stufe einer begrenzten Quellung zum Stillstand bringen, wobei man dann unter Inkaufnahme einer gewissen Schematisierung einzelne aufeinanderfolgende Quellungszustände morphologisch definieren und die im lichtmikroskopischen Bild sichtbaren gequollenen Einzelfasern jeweils bestimmten Quellstufen zuordnen kann. Diese auf HESS und AVISIERS [18] zurückgehende Quellstadienmethode wurde gemeinsam mit SCHLEICHER, LEHMANN und LUKANOFF [19] unter Beschränkung auf 6 typische Quellstufen (vgl. Abb. 12) hier im Institut zu einer rationellen morphologischen Methode für die Beurteilung der Reaktionsfähigkeit von Textilzellstoffen im Viskoseprozeß weiter entwickelt, die durch Auszählung der den einzelnen Quellstufen zugeordneten Fasern des Mikrobildes und anschließenden Vergleich der relativen Anteile von hochgequollenen und schwachgequollenen Fasern halbquantitative Aussagen ermöglicht. Eine breite Anwendung dieser Methodik zur Beurteilung von Textilzellstoffen ließ die Nützlichkeit, aber auch die durch eine subjektive Zuordnung zu den einzelnen Quellstufen gegebenen Grenzen der Methodik erkennen.

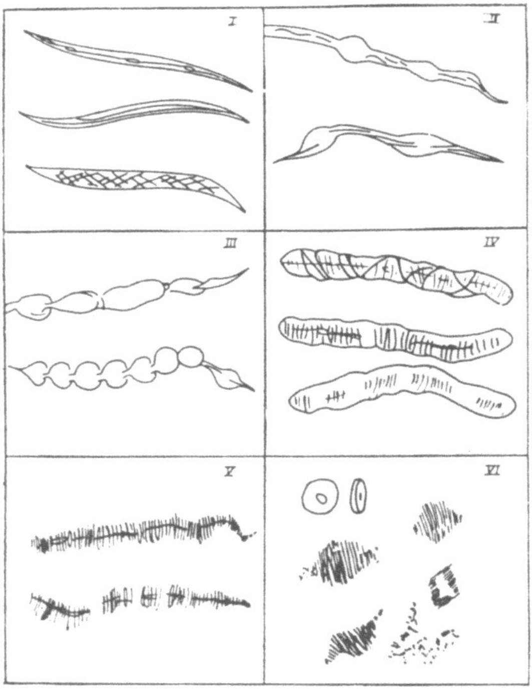

Abb. 12 Schematische Darstellung der Quellstufen zur Auswertung des Xanthogenatquellungsbildes

2.4. Morphologische Untersuchungen zum Lösungszustand von Cellulosederivaten

Die Erfolge morphologischer Forschung zu Quell- und Löseprozessen der Cellulose wie auch die Fortschritte der elektronenmikroskopischen Präparier- und Aufnahmetechnik legten den Gedanken nahe, auch die Größe und Form von in Lösung befindlichen Makromolekülen und Molekülaggregaten durch direkte Abbildung morphologisch zu untersuchen. Wie u. a. von Ruscher [20] gezeigt wurde, erhält man durch Gefriertrocknung hochverdünnter Cellulosenitratlösungen unter speziellen Bedingungen und anschließende geeignete Präparation elektronenmikroskopische Aufnahmen entsprechend Abb. 13, auf denen kugelförmige Gebilde zu sehen sind, deren Größenverteilung mit der der einzelnen Knäuelmoleküle und damit auch mit der Molmassenverteilung des Präparats korreliert werden kann. Allerdings bestehen hier außerordentlich große Schwierigkeiten sowohl bei der Präparation als auch bei der Interpretation und Zuordnung der Ergebnisse, so daß diese Versuche zur direkten elektronenmikroskopischen Ermittlung von Molekulargewichtsverteilungen heute nicht mehr so im Mittelpunkt des Interesses stehen wie vor etwa 15 Jahren, zumal inzwischen indirekte integrierende physikochemische Methoden, wie beispielsweise die Gelchromatographie, sehr weitgehend rationalisiert und theoretisch fundiert werden konnten. Aus konzentrierteren Lösungen z. B. von Cellulosesexanthogenat oder Carboxymethylcellulose werden nach geeigneter Präparation, etwa mittels Gefrierätzung [21], netzartige Strukturen im elektronenmikroskopischen Bild erhalten (Abb. 14), die in Abhängigkeit von Lösungskonzentration und Lösebedingungen variieren und somit Rückschlüsse auf den Lösungszustand erlauben. Auch hier gibt es eine ganze Reihe von

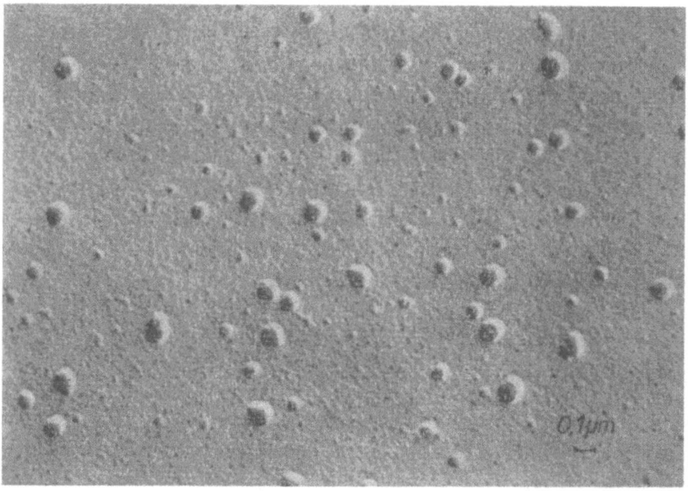

Abb. 13 Lösung von Nitrocellulose in Butylacetat, 0,01%, gefriergetrocknet, beschattet, TEM

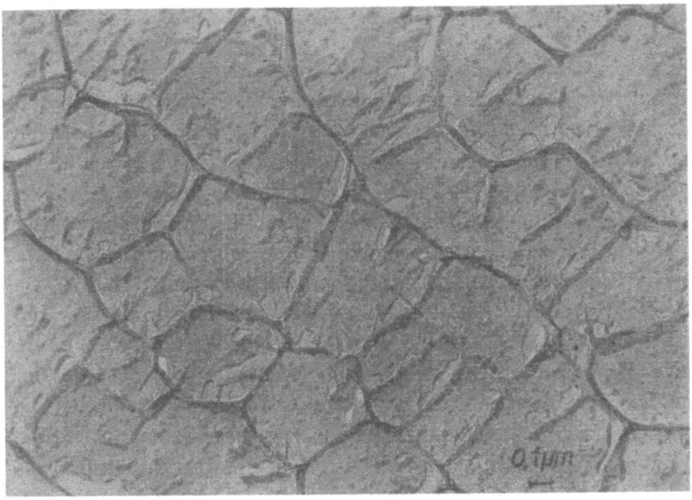

Abb. 14 Abbildung eines artifizell veränderten Lösungszustandes einer 1%igen wäßrigen Carboxymethylcellulose-Lösung (C 1000), Gefrierätzung, C/Pt-Abdruck, TEM

Unsicherheiten und offenen Problemen bei der Interpretation und Zuordnung, jedoch erscheint insgesamt eine Weiterverfolgung dieser Richtung lohnend, zumal wir heute auch auf Grund physiko-chemischer Experimentalergebnisse z. B. zur Streulichtphotometrie von Cellulosederivatlösungen [22] wissen, daß selbst in sehr verdünnter Lösung vielfach noch Molekülaggregate erhalten bleiben. Der die Celluloseforschung etwa ein Jahrzehnt lang bewegende Meinungsstreit zwischen der von morphologischen Aspekten ausgehenden Auffassung von Dolmetsch über das Vorliegen von Molekülaggregaten auch in verdünnter Lösung und den von physiko-chemischen Überlegungen und Experimenten ausgehenden Vorstellungen der Mainzer Schule von G. V. Schulz kann heute als dahingehend entschieden betrachtet werden, daß das Modell einer molekularen Lösung zumeist eine ausreichende theoretische Basis für physiko-chemische Routinemessungen bildet, daß aber Molekülaggregate zumindest in zweiter Nährung berücksichtigt werden müssen, deren Charakterisierung nach Größe und Form allerdings durch morphologische Methoden allein noch nicht zuverlässig möglich ist.

2.5. Zur Morphologie von Fällungsstrukturen aus Celluloselösungen

Wenn heute — nach 27 Jahren Entwicklung unseres Instituts — die Ergebnisse zum Mechanismus der Fadenbildung beim Viskosespinnprozeß zu den wesentlichen wissenschaftlichen Beiträgen des Instituts auf unserem engeren und weiteren Fachgebiet gezählt werden können, so haben morphologische Untersuchungen sowohl an unter Modellbedingungen hergestellten Fällungsstrukturen wie auch an unter technischen Spinnbedingungen gewonnenen Fäden daran keinen geringen Anteil. Aus der Fülle der unter Leitung von H. KLARE [23] von einem größeren Kollektiv erarbeiteten Ergebnisse sollen hier nur zwei Beispiele genannt werden, die besonders augenfällig zeigen, wie durch Kombination licht- und elektronenmikroskopischer Verfahren mit chemisch-präparativen und physikalisch-analytischen Methoden auch sehr komplexe Fragestellungen geklärt und neue Effekte gefunden und gedeutet werden können. So war zu Beginn der Arbeiten die Frage völlig offen, warum beim Erspinnen hochfester Reifencordseide einerseits der Viskosespinnlösung gewisse Zusatzstoffe, wie etwa aliphatische Amine, zugegeben werden müssen, andererseits im Spinnbad ein hoher Gehalt an Zinksalzen erforderlich ist. Mittels elektronenmikroskopischer Oberflächenabdrücke und später mittels Ultradünnschnittechnik konnte zunächst geklärt werden, wie ein solcher Zinkzusatz in den verschiedenen Stadien der Fadenbildung zu Deckschichten auf der Fadenoberfläche führt und gleichzeitig die aus Cellulosefibrillen aufgebaute Netzwerkstruktur des Fadens beeinflußt (Abb. 15 und 16). Durch Kombination

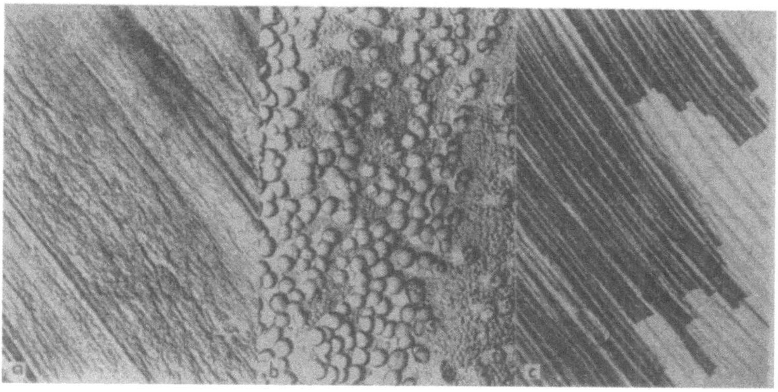

Abb. 15 Oberflächenstruktur von Celluloseregenerat-Gelfäden: a) — Spinnprozeß ohne Zinkzulfat im Spinnbad, Probenentnahme — 250 mm Düsenabstand, b) — Spinnprozeß mit Zinksulfat im Spinnbad, Probenentnahme — 80 mm Düsenabstand, c) — Spinnprozeß mit Zinksulfat und Modifikator im Spinnbad, Probenentnahme — Düsennähe, Präparation der Gelfäden — Feuchtabdruckmethode, TEM

von Elektronenmikroskopie und Autoradiographie unter Anwendung von Zn^{65} markiertem Zinksulfat wurde vor allem durch die Arbeiten von PAUL [24] nachgewiesen, daß die Zinkionen 1,2 μm (bei einem Fadendurchmesser von 11 μm) in den Faden eindringen und in dieser Reaktionszone an der Fadenbildung direkt beteiligt sind. Die dabei gebildete dichte Schicht von Zinkxanthogenat steuert dann die weiteren Diffusionsvorgänge bei der Xanthogenatkoagulation und Zersetzung und bestimmt somit entscheidend die endgültige Fadenstruktur mit ihrer für Cordseidefäden so charakteristischen Kern-Mantel-Differenzierung (Abb. 17).

Im Rahmen der vor allem von PURZ [25] und von LUDWIG durchgeführten

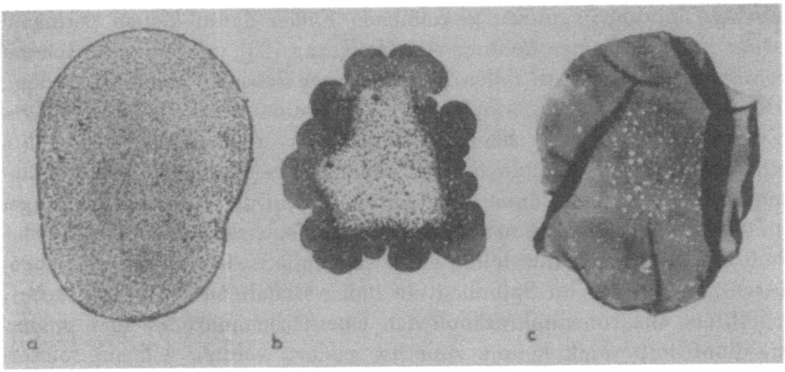

Abb. 16. Querschnittstruktur von Celluloseregenerat-Gelfäden:
a) — Spinnprozeß ohne Zinksulfat im Spinnbad
b) — Spinnprozeß mit Zinksulfat im Spinnbad
c) — Spinnprozeß mit Zinksulfat und Modifikator im Spinnbad. Präparation der Gelfäden, Lösungsmittelaustausch bzw. Gefriertrocknung, Ultradünnschnitt-Technik, Pd-Beschattung, TEM

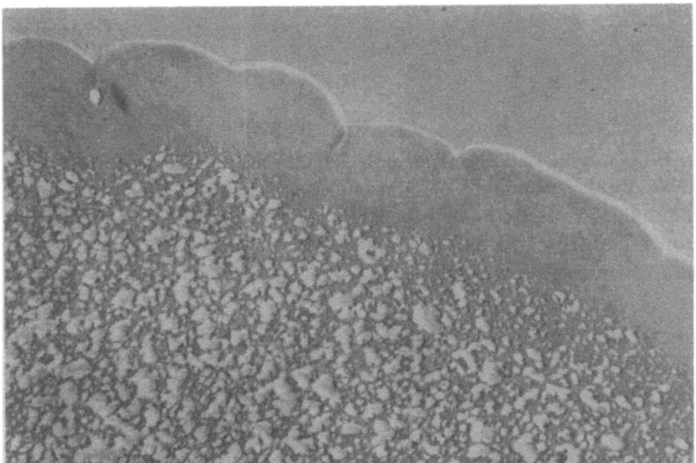

Bild 17 Kern-Mantel-Struktur eines Celluloseregenerat-Gefadens, Ausschnitt aus einem Querschnitt, Rayon-Verfahren. Lösungsmittelaustausch, Ultradünnschnitt-Technik, Pd-Beschattung, TEM

Modelluntersuchungen zum Koagulationsprozeß des Cellulosexanthogenats unter Einwirkung verschiedenartiger Schwermetallkationen wurde erstmals das Phänomen der ionotropen Gelbildung aus Cellulosexanthogenatlösungen beobachtet und sowohl an Cellulosexanthogenatlösungen als auch an Carboxymethylcelluloselösungen systematisch untersucht. Durch eine Kopplung verschiedener Diffusions- und Koagulationsvorgänge, die in ihrem Mechanismus heute bekannt sind, kommt es dabei zur Ausbildung der in den Abb. 18 a, b, und 19 im Quer- und Längs-

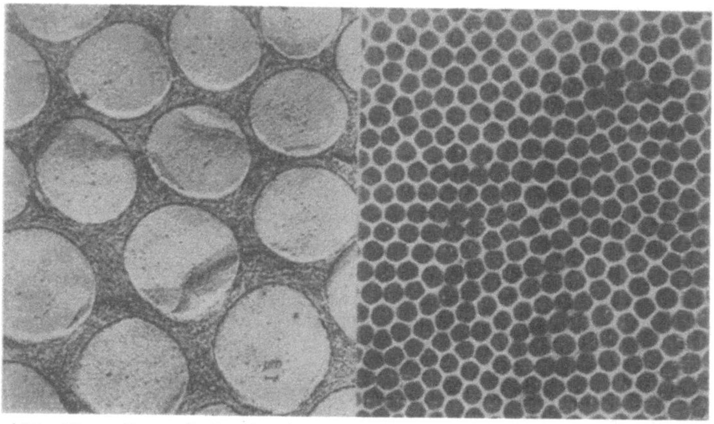

Abb. 18 a Querschnitt durch ionotropes Kapillargel (Zn-Cellulosexanthogenat-Gel), gebildet durch Diffusion von Zn-Ionen in ein Na-Cellulosexanthogenat-Sol.
a) Gefrierbruch, Gefrierätzung, Abdruck, TEM
b) LM-Kapillardurchmesser: 16 bis 19 μm

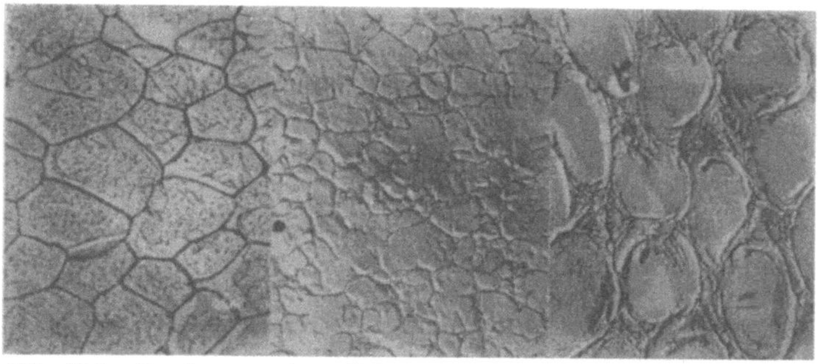

Abb. 18 b Strukturen einer Polymerlösung (1%iges Sol) und von Polymergelen im Gefrierätzbild
a) artifiziell veränderter Lösungszustand eines Polyelektrolytsols (1%ige Na-Cellulosexanthogenat-Lösung)
b) Netzwerkstruktur eines isotropen NH_4-Cellulosexanthogenat-Gels
c) Querbruch durch ein anisotropes Tl-Cellulosexanthogenat-Kapillargel (doppelbrechend), Gefrierbuch, Gefrierätzung, C/Pt-Abdruck, TEM

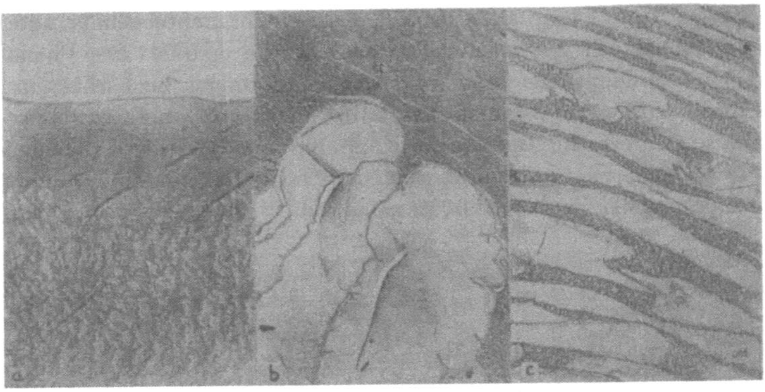

Abb. 19 Längsschnitt durch ein ionotropes Kapillargel (Zn-Cellulosexanthogenat-Gel), gebildet durch Diffusion von Zn-Ionen in ein Na-Cellulosexanthogenat-Sol.
a) Primärmembran mit Entmischungszone an der Grenzfläche Elektrolyt-Sol. Ultradünnschnitt, Pd-beschattet, TEM
b) Ausschnitt aus der Zone des Kapillarstarts
c) Längsschnitt durch Kapillarzone
b) und c) Gefrierbruch, Gefrierätzung, C/Pt-Abdruck, TEM

schnitt dargestellten sehr regelmäßigen Kapillarstrukturen. Im Bild 18 b ist die Struktur des artifiziell veränderten Lösungszustandes im Cellulosexanthogenat-Sol, die Netzwerkstruktur in einem isotropen NH_4-Cellulosexanthogenat-Gel sowie in einem anisotropen Tl-Cellulosexanthogenat-Kapillargel gegenübergestellt, wobei insbesondere sehr deutlich der Einfluß des Gegenions auf die Ausbildung der unterschiedlichen Gelstruktur zum Ausdruck kommt. Die Zahl der Kapillaren pro Flächeneinheit wie auch der Kapillarradius variieren stark mit dem die Fällung bewirkenden Kation und lassen sich über die unterschiedliche Wechselwirkung von Polyanion und niedermolekularem Kation mit der Löslichkeit der entsprechenden Salze korrelieren.

3. Zusammenfassende Überlegungen zu derzeitigen Grenzen und offenen Problemen des Einsatzes morphologischer Arbeitsmethoden

Die in diesem Vortrag behandelten Beispiele der Anwendung morphologischer Methoden in der Celluloseforschung sollten unter angemessener Betonung von Arbeitsergebnissen des eigenen Instituts vor allem die Vielfältigkeit der Möglichkeiten darlegen und trugen damit einen etwas kaleidoskopartigen Charakter, so daß zum Abschluß einige zusammenfassende Überlegungen notwendig erscheinen. Zunächst darf wohl unter Hinweis auf die dargelegten Beispiele festgestellt werden, daß morphologische Arbeitsmethoden im engeren Sinne, also die Licht- und Elektronenmikroskopie mehr bringen als etwa „nur eine Verzierung von Dissertationen durch schöne Bilder", obwohl sie auch hierzu manchmal noch mißbraucht werden, sondern daß sie vielmehr für sich allein oder in Kombination mit anderen Methoden zu Erkenntnisfortschritten gerade auf dem Gebiet der Celluloseforschung geführt haben, die ohne die Existenz von Mikroskopen einfach nicht zustande gekommen wären. Beispiele hierzu wurden im Vortrag genannt; ergänzend und zusätzlich zu der bisher im Mittelpunkt stehenden Faserproblematik sei die Aufklärung des Asymmetrieeffektes bei Membranen für die reverse Osmose erwähnt, bei denen zwar die Richtungsabhängigkeit der Transportprozesse auch ohne Morphologie mit Hilfe der Thermodynamik irreversibler Prozesse physikochemisch modelliert werden kann, eine Klärung der strukturellen Ursachen dieser Phänomene jedoch erst auf Grund elektronenmikroskopischer Aufnahmen möglich war, aus denen die durch den Herstellungsprozeß bedingte stetige Veränderung der Porenstruktur über den Membranquerschnitt hinweg hervorgeht (Abb. 20). In

Abb. 20 Querschnitt durch eine asymmetrische Celluloseacetatmembran, Lösungsmittelaustausch, Ultradünnschnitt-Technik, Pd-beschattet, TEM

mehreren Fällen konnte die an Cellulose als Modellsubstanz erarbeitete begriffliche und experimentelle Methodik morphologischer Forschung inzwischen auf andere Problemstellungen erfolgreich übertragen werden, wobei hier nur das gesamte Gebiet der organischen Polymerverbunde als zur Zeit besonders aktuelle Richtung genannt sei.

Allerdings müssen wir beim Einsatz morphologischer Arbeitsmethoden und bei der Auswertung dabei erhaltener Ergebnisse in der Celluloseforschung stets die derzeitigen und möglicherweise zum Teil auch prinzipiellen Grenzen der Methodik beachten:

Erstens müssen wir davon ausgehen, daß gerade in der Elektronenmikroskopie die heute verfügbaren methodischen Möglichkeiten, insbesondere die erreichte Steigerung des Auflösungsvermögens oder die Möglichkeit der Durchstrahlung auch dickerer Objekte, bei Biopolymeren und damit auch bei Cellulose nicht voll ausgeschöpft werden können. Diese relativ empfindlichen Objekte können durch den Abbildungsvorgang selbst in ihrer Struktur erheblich verändert werden, und somit im Bild Artefakte erhalten werden, im Gegensatz zum Einsatz der Elektronenmikroskopie etwa in der Metallkunde, wo eine volle Ausschöpfung aller technischen Möglichkeiten gegeben ist. Offen bleibt in diesem Zusammenhang auch die Frage, bis zu welchen Strukturebenen hinab bei Cellulose eine Erfassung dynamischer Vorgänge, beispielsweise von Relaxationsprozessen, durch direkte Abbildung möglich ist. Die im Bereich lichtmikroskopischer Dimensionen wiederholt eingesetzte Kinematographie zeigt nach den heutigen Erfahrungen doch ein relativ ungünstiges Verhältnis von Informationsgewinn zu Aufwand, so daß sie sich vorerst sicher nicht routinemäßig durchsetzen wird. Möglicherweise verspricht jedoch die weitere Entwicklung der Scanning-Mikroskopie Fortschritte in der Erfassung dynamischer Vorgänge gerade auch bei empfindlichen biologischen Objekten.

Eine zweite und möglicherweise prinzipielle Grenze ist der Anwendbarkeit morphologischer Arbeitsmethoden durch den relativ kleinen erfaßbaren Bildausschnitt einerseits, die außerordentlich große Variabilität morphologischer Formen bei Biopolymeren andererseits gesetzt. Mit steigender Vergrößerung werden zwar am individuellen Objekt, z. B. einer Cellulosefaser, immer mehr interessante Einzelheiten erfaßbar; es wird aber gleichzeitig immer fragwürdiger, inwieweit diese Einzelheiten für ein größeres Probenkollektiv wirklich repräsentativ sind, eine Problematik die beispielsweise bei der elektronenmikroskopischen Verfolgung von Holzaufschlußprozessen die Aussagesicherheit unserer Ergebnisse erheblich beeinträchtigte und offensichtlich grundsätzlich bei der Verfolgung dynamischer Abläufe besonders zu beachten ist. Gerade bei der Verfolgung von Reaktionsabläufen im weitesten Sinne erscheint es daher notwendig, nicht nur den erheblichen Aufwand einer Mehrfachpräparation und Aufnahme bei ein und derselben Probe in Kauf zu nehmen, sondern gleichzeitig die das individuelle Einzelobjekt erfassenden morphologischen Methoden durch die Anwendung integrierender physikalischer oder chemischer Analysenverfahren zu ergänzen und durch Gegenüberstellung der Ergebnisse deren Widerspruchsfreiheit zu prüfen.

Ein noch weitgehend offenes Problem der gesamten morphologisch orientierten Celluloseforschung stellt schließlich die Frage der Quantifizierung morphologischer Aussagen dar. Einige Ansätze finden wir heute in einer halbautomatischen Messung von Faserlängenverteilungen sowie bei der im Vortrag erwähnten halbquantitativen Auswertung von Quellungsbildern durch Zuordnung zu bestimmten schematisierten Quellformen. Gerade zur physiko-chemischen Modellierung von unter starker Quellung ablaufenden Heterogenreaktionen der Cellulose erscheinen hier weitere Fortschritte unbedingt notwendig. Erste von uns jetzt begonnene Versuche zur Gewinnung quantitativer Aussagen über Größe, Größenverteilung und Partikelform bei Cellulosepulvern mit Hilfe der in der Pathologie und in der Metallkunde angewandten Bildauswertegeräte lassen einen Ausbau dieser Richtung lohnend erscheinen. Allerdings müssen wir uns wohl darüber im klaren sein, daß auch bei Ausnutzung aller Möglichkeiten der EDV immer nur Einzelparameter der vielfältigen morphologischen Erscheinungsformen quantifiziert werden können und diese Zahlenangaben aller Voraussicht nach niemals den vollen mit dem Auge erfaßbaren Informationsinhalt wiedergeben. Nach persönlicher Auffassung der Autoren liegt hier zugleich eine prinzipielle Grenze der rein physikalischen Betrachtungsweise — etwa im Sinne der EIGENschen [26] Evolutionstheorie — biologischer Objekte und biologischer Vorgänge. Für die Celluloseforschung werden wir daher auch weiterhin für die absehbare Zukunft neben dem auf quantitativen Angaben basierenden physikalischen Modell einer Struktur oder eines Reaktionsablaufes auch die qualitative Beschreibung und Interpretation morphologischer Zustände und Veränderungen als gleichberechtigte Kategorie wissenschaftlicher Erkenntnis zu betrachten haben.

Literatur

[1] DOLMETSCH, H., FRANZ, E. und CORRENS, E.: Zusammenhänge zwischen morphologischem Bau und Reaktionsweise technischer Zellstoffe. J. makromol. Chemie **1** (1944) S. 167—184.
DOLMETSCH, H., FRANZ, E. und CORRENS, E.: Zusammenhänge zwischen morphologischer Struktur und Kettenlänge bei nativen Zellulosefasern. Koll.-Z. **106** (1944) 3, S. 174—187.

[2] CORRENS, E. und PURZ, H.-J.: Zur Bildung und zum übermolekularen Aufbau von Bakteriencellulose. Cellulose Chem. Technol. **9** (1975) 5, S. 449—469.
CORRENS, E., PURZ, H.-J. und SCHWARZ, H.-H.: Ultrafiltrationsversuche an Bakteriencellulose-Vliesmembranen. Chem. Techn. **26** (1974) 2, S. 91—94.

[3] PURZ, H.-J. und SCHWARZ, H.-H.: Zum molekularen und übermolekularen Auf- und Abbau von Bakteriencellulose. Faserforsch. u. Textiltechnik/Z. Polymerforsch. **27** (1976) 5, S. 261—271.

[4] NORDIN, S. B., NYRÉN, J. O. and BACK, E. L.: Note on molten cellulose produced in a laser beam. Svensk Papperstidning **76** (1973) 16, S. 609—610.

[5] KIM, C. Y., PAGE, D. H., EL-HOSSEINY and LANCASTER, P.: The mechanical properties of single wood pulp fibres. Part III. The effect of drying stress on strength. Pulp and Paper Reports **108** (1974) S. 1—14.

[5 a] DAUTZENBERG, H. und ILVESALO-PFÄFFLI, M.-S. (Publikation in Vorbereitung).

[6] PHILIPP, B. und STEEGE, H. H.: Mikrokristalline Cellulosepulver vielseitig einsetzbar. Wissenschaft und Fortschritt **25** (1975) 3, S. 126—131.

[7] LANGE, P. W.: The distribution of the components in the plant cell wall. Svensk Papperstidn. **57** (1954) S. 563—567. Optical methods for microanalysis of the plant cell wall. Svensk Papperstidn. **53** (1950) S. 749—766. The morphology of hardwood fibers. Tappi **42** (1959) 9, S. 786—792.
RUCH, F. und HENGARTNER, H.: Quantitative Bestimmung der Ligninverteilung in der pflanzlichen Zellwand. Beiheft Zeitschr. d. Schweiz. Forstv. **30** (1960) S. 75—92.

[8] JAYME, G. und HUNGER, G.: Die Faser-zu-Faser-Bindung des Papierblattgefüges im elektronenoptischen Bild. Das Papier **11** (1957) S. 140—145.

[9] JACOPIAN, V., CASPERSON, G. u. PHILIPP, B.: Elektronenmikroskopische Untersuchungen an verschiedenartig aufgeschlossenem Pappelholz. Cellulose Chem. Technol. **2** (1968) S. 631—653.
JACOPIAN, V., PHILIPP, B. und SCHLEICHER, H.: Untersuchungen zum Einfluß der

Holzbeschaffenheit auf die Eigenschaften von im Labormaßstab nach dem Sulfitverfahren hergestellten Lärchentextilzellstoffen. Faserforsch. u. Textiltechnik 21 (1970) 8, S. 339—341.
Philipp, B., Jacopian, V. und Casperson, G.: Chemische und morphologische Untersuchungen zum zeitlichen Verlauf eines Calciumbisulfitaufschlusses von Lärchenholz. Faserforsch. u. Textiltechnik 21 (1970) 4, S. 153—163.

[10] Paul, D., Jacopian, V., Menniger, H., Heinrich, G.: Untersuchungen morphologischer Veränderungen von Bagasse während des Neutralsulfitaufschlusses mittels REM und Porosimetrie. Zellstoff und Papier 25 (1976) 3, S. 74—76.

[11] Hampe, H. und Philipp, B.: Strukturuntersuchungen an Kräuselzellwolle mit Hilfe ihres Quell- und Löseverhaltens. Cellulose Chem. Technol. 6 (1972) S. 447—471.

[12] Hampe, H., Philipp, B. und Baudisch, J.: Vergleichende Untersuchungen zum Quell- und Löseverlauf von Cellulosefasern in verschiedenen Medien. Teil I. Faserforsch. u. Textiltechnik 23 (1972) 10, S. 425—434.

[13] Philipp, B., Schleicher, H. und Wagenknecht, W.: Lösungsprozesse der Cellulose in nichtwäßrigen Medien. Cellulose Chem. Technol. 9 (1975) S. 265—282.

[14] Hata, K. und Yokota, K.: Chemical behaviour of high polymers in liquid sulfur dioxide. Part I. Dissolution of natural cellulose. Sen-i-Gakkaishi 22 (1966) S. 96—102.

[15] Philipp, B., Schleicher, H. und Wagenknecht, W.: Non aqueous solvent of cellulose. Vortrag zum Symposium der American Chemical Society, New York, April 1976.

[16] Leuteritz, R. und Philipp, B.: Morphologische Untersuchungen zur Lösungsacetylierung von Linters. Faserforsch. u. Textiltechnik/Z. Polymerforsch. 25 (1974) 6, S. 242—248.

[17] Schramek, W. und Ahrberg, L.: Über die Quellung und den Auflösungsmechanismus von xanthogenierten Natroncellulosefasern. Faserforsch. u. Textiltechnik 4 (1953) 6, S. 229—249.

[18] Avisiers, J. und Hess, K.: Über die Charakterisierung von Zellstoffen für den Viskoseprozeß durch statistische Quellstadienkurven. Holzforschung 10 (1956) S. 12—18.

[19] Philipp, B., Lehmann, R. und Schleicher, H.: Untersuchungen zum Einfluß eines sauren und alkalischen Abbaues auf die Reaktionsfähigkeit von Chemiezellstoffen. Zellstoff u. Papier 9 (1960) S. 373—378.
Philipp, B., Lehmann, R., Schleicher, H.: Über den Einfluß eines Celluloseabbaues auf Xanthatquellungsbild, Filterwert und Verlauf einer Emulsionsxanthogenierung. Faserforsch. u. Textiltechnik 11 (1960) S. 469—481.
Philipp, B., Lukanoff, T. und Schleicher, H.: Untersuchungen zur Viskosierbarkeit einheimischer Textilzellstoffe gleicher Provenienz. Zellstoff u. Papier 14 (1965) S. 289—297.

[20] Ruscher, Ch. und Zuchold, H.: Elektronenmikroskopische Untersuchung der Lösung von Hochpolymeren. Faserforsch. u. Textiltechnik 15 (1964) 12, S. 626—631.
Ruscher, CH.: Der Lösungszustand von Hochpolymeren. Abhandlungen der Deutschen Akademie der Wissenschaften zu Berlin, Klasse Chemie, Geologie, Biologie 1965, Nr. 3, S. 103—112.

[21] Purz, H.-H.: Electron microscopic investigations of colloid and polymer systems, in E. Wolfram: Proceedings of the international conference on colloid and surface science. Volume 1, Akadémiai Kiadó, Budapest 1975.

[22] Dautzenberg, H., Dautzenberg, H. und Linow, K.: Zur Charakterisierung des Lösungszustandes von Carboxymethylcellulosen mit unterschiedlichem Substitutionsgrad. Publikation in Vorbereitung.

[23] Klare, H. und Gröbe, A.: Untersuchungen über den Bildungsmechanismus von Viskosefäden in Abwesenheit und bei Gegenwart von Modifikatoren. Österreichische Chemiker-Zeitung **65** (1964) 7, S. 218—230.

Klare, H., Gröbe, A. und Philipp, B.: Über den Lösungszustand von Viskose und den Bildungsmechanismus von Celluloseregeneratfäden. Chemiefasern **15** (1965) S. 502—509.

Klare, H., Gröbe, A., Maron, R., Jost, H., Purz, H.-J., Gensrich, H.-J. und Paul, D.: Möglichkeiten der Strukturbildung von Celluloseregeneratfäden. Abhandlungen der Deutschen Akademie der Wissenschaften zu Berlin, Klasse f. Chemie, Geologie, Biologie (1965) 3, S. 133—140.

Gröbe, A., Paul, D., Purz, H.-J., Bartsch, D., Gensrich, H.-J., Hicke, H.-G., Ludwig, J. und Buschatz, H.: Strukturuntersuchungen an Celluloseregeneratfasern. Lenzinger Berichte **28** (1969) S. 31—43.

[24] Paul, D. und Bartsch, D.: Zinknachweis in Celluloseregeneratfäden durch elektronenmikroskopische Autoradiographie. Faserforsch. u. Textiltechnik **23** (1972) 12, S. 523—524.

[25] Purz, H.-J.: Morphological investigations of ordered gel formation in polyelectrolytes. J. Polymer Sci.: Part C No. 38 (1972) S. 405—417.

Purz, H.-J.: Kapillarstrukturen in ionischen Cellulosegelen. Faserforsch. u. Textiltechnik **24** (1973) 8, S. 321—332.

[26] Eigen, M.: Selforganization of matter and the evolution of biological macromolecules. Naturwiss. **58** (1971) S. 465—523.

Z. A. Rogovin/L. S. Gal'brajch

Über einige Entwicklungsrichtungen der heutigen Cellulosechemie

1. Einleitung

In den letzten Jahren wurden, wenn auch mit geringer Intensität, in verschiedenen Ländern die Untersuchungen auf dem Gebiet der Chemie der Cellulose und ihrer Derivate fortgesetzt. Es wurden neue Typen von Cellulosederivaten synthetisiert, neue Ergebnisse über Herstellungsbedingungen und Eigenschaften dieser Derivate sowie über ihre Verarbeitungsbedingungen publiziert und die Eigenschaften der Lösungen und der erhaltenen Materialien beschrieben. Zur Durchführung der chemischen Umsetzungen wurden neue, rationellere und aussichtsreiche Methoden vorgeschlagen, insbesondere zur Aktivierung der Cellulose vor ihrer Verätherung bzw. Veresterung. Zweifellos ist die Mehrzahl dieser Arbeiten von bedeutendem wissenschaftlichem und technologischem Interesse, jedoch halten wir es für zweckmäßiger, uns hier auf einige allgemeine Fragen zu konzentrieren, die nach unserer Meinung von zukunftsträchtiger und grundsätzlicher Bedeutung sind. Daher richten wir unsere Aufmerksamkeit auf noch nicht gelöste Probleme, die in der nächsten Zeit intensiv zu bearbeiten sind.

2. Vergleichende Untersuchungen struktureller und chemischer Umwandlungen der Cellulose und anderer Polysaccharide mit linearer Struktur

Für die Entwicklung der Chemie und Physik der Cellulose bis in die jüngste Zeit ist charakteristisch, daß man die Cellulose als ein besonderes Polymer, isoliert von anderen zur selben Klasse von Polysacchariden gehörenden Polymertypen betrachtet. Das erklärt sich aus der im Vergleich zu den anderen Polysacchariden großen praktischen Bedeutung und der industriellen Nutzung der Cellulose sowie vielleicht auch aus der einfacheren Isolierbarkeit der Cellulose in reiner Form, die deren Nutzung und die Herstellung von Derivaten begünstigte. Dieses Herangehen brachte bedeutende Erfolge und ermöglichte die Entwicklung der heutigen Chemie der Cellulose und ihrer Derivate, ergab jedoch nicht die Möglichkeit zur Beantwortung der wichtigen grundsätzlichen Fragen über die Gemeinsamkeit und die Besonderheiten der chemischen und strukturellen Umwandlungsprozesse von Cellulose im Vergleich zu anderen Polysacchariden, die sich von der Cellulose durch den Monosaccharidbaustein sowie durch die Konfiguration oder Richtung der Glukosidbindung unterscheiden. Diese Unterschiede sind im Prozeß der biochemischen Synthese begründet und hängen mit der spezifischen biologischen Funktion des einen oder anderen Polysaccharids zusammen.

Untersuchungen der chemischen und in geringerem Maße der strukturellen Umwandlungen der Polysaccharide erfolgten bereits früher, jedoch machten die Unterschiede in der Durchführung dieser Umwandlungen und in den zur Beurteilung herangezogenen Methoden einen Vergleich der erhaltenen Resultate unmöglich. Das Loslösen von dem „isolierten Cellulosedenken" und die Hinwendung zu systematischen vergleichenden Untersuchungen der chemischen und strukturellen Umwandlungen von Cellulose und anderen Linearpolysacchariden ist nach unserer Meinung eine der Hauptrichtungen für künftige Untersuchungen auf dem Gebiet der Chemie und Physik der Cellulose, deren erfolgreiche Bearbeitung zu neuen grundlegenden Ergebnissen führen könnte, die nicht nur wissenschaftliche, sondern auch praktische Bedeutung haben.

Bei der Lösung dieser Aufgaben könnten vergleichende Untersuchungen der strukturellen und chemischen Umwandlungen von zwei Strukturmodifikationen der Cellulose (native und Hydratcellulose) sowie von verschiedenen Modifikationen von Amylose und Dextran, deren Struktur in Abb. 1 dargestellt ist, und weiter von Xylan, Galaktan, Mannan und anderen linearen Polysacchariden das größte Interesse haben.

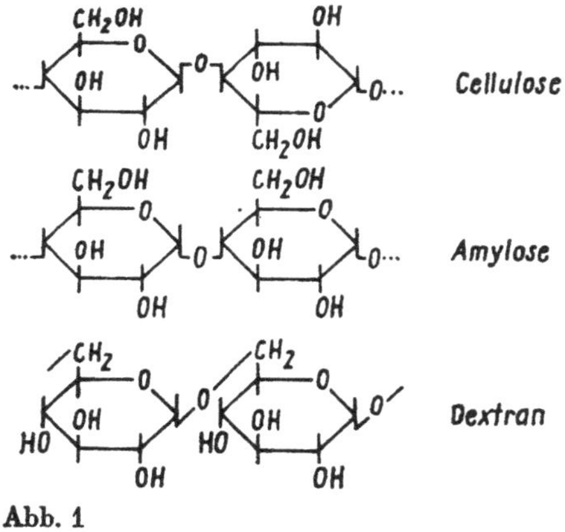

Abb. 1

Die Ergebnisse der in den letzten Jahren in unserem Laboratorium durchgeführten Untersuchungen zeigten, daß Amylose und Dextran ebenso wie die Cellulose (und wahrscheinlich in noch größerem Ausmaß) zu wechselseitigen Strukturumwandlungen fähig sind, wobei sich die einzelnen Strukturmodifikationen dieser Polysaccharide durch die Intensität der zwischenmolekularen Wechselwirkung sowie durch ihre Löslichkeit und Reaktionsfähigkeit stark voneinander unterscheiden [1, 2] (Tabelle 1). Die Amylose unterscheidet sich von der Cellulose durch das Vorliegen einer α- anstelle der β-glukosidischen Bindung und demzufolge durch eine größere Biegsamkeit des Makromoleküls. Im Dextran ist der Hauptbindungstyp zwischen den Grundbausteinen die α-1.6-glukosidische Verknüpfung, durch die der besondere Charakter der chemischen Struktur des Grundbausteins bestimmt ist (Vorliegen von drei sekundären Hydroxylgruppen).

Die Fähigkeit zur Bildung wechselseitig ineinander umwandelbarer Strukturmodifikationen ist nicht nur der Cellulose eigen, sondern auch den anderen untersuchten linearen Polysacchariden. Der durch die Besonderheiten der chemischen Struktur der Cellulose bedingte spezifische Unterschied liegt in der höheren Starrheit der Ketten, dem im Vergleich zu den anderen Polysacchariden wesentlich stärker behinderten Wechsel der inter- und intramolekularen Wasserstoffbrückenbindungen und dem demzufolge geringeren Unterschied in der Löslichkeit und der Reaktionsfähigkeit der Strukturmodifikationen. Einer der möglichen Gründe für den deutlichen Unterschied in den Eigenschaften der Strukturmodifikationen der Amylose und des Dextrans könnte ein ausgeprägter Unterschied in ihrer Struktur sein (für Amylose z. B. ein Unterschied in der Konformation des Grundbausteins).

Die Aufgabe weiterer vergleichender systematischer Untersuchungen in dieser Richtung ist es, unter Anwendung moderner physikalischer und physikalisch-chemischer Methoden die Veränderungen in den Bindungsverhältnissen der intra- und intermolekularen Wasserstoffbrückenbindungen bei verschiedenartigen Behandlungen und den Einfluß dieses Faktors auf die Änderung der komplexen Eigenschaften der Polysaccharide zu klären. Von großem Interesse ist insbesondere die Klärung der Frage, inwieweit die Methode zur Spaltung intermolekularer Bindungen durch Einwirkung von Aminen, die zu einer starken Erhöhung der chemischen Umsetzungsgeschwindigkeit führt, einen universellen Charakter für alle Polysaccharide hat. Diese Methode der Aktivierung mit Aminen ist in der letzten Zeit für Cellulosepräparate detailliert von verschiedenen Forschern ausgearbeitet worden, in erster Linie von sowjetischen [3].

Von großem Interesse ist die Untersuchung der Möglichkeit zur Änderung der Makromolekülkonformation der genannten Polysaccharide sowie der Grundbausteine der Makromoleküle und der Einfluß dieser Umwandlungen auf die Änderung des Komplexes ihrer physikalischen und physikalisch-chemischen Eigenschaften.

Die in den letzten Jahren für Polysaccharide entwickelten verfeinerten physikalischen Untersuchungsmethoden bieten die Möglichkeit zu einer direkten experimentellen Untersuchung der genannten Umwandlungen und damit zu einem fundierteren Herangehen an die Analyse dieser schwierigen, sowohl in wissenschaftlicher wie auch in praktischer Hinsicht wichtigen Frage.

In diesem Zusammenhang muß die wissenschaftlich und praktisch sehr bedeutsame Frage gestellt werden, ob es möglich ist, durch verschiedene Einwirkungen, die die innermolekularen Wasserstoffbrückenbindungen stark schwächen, die Biegsamkeit des Cellulosemakromoleküls merklich zu erhöhen, so daß diese der eines Moleküls von einer der Strukturmodifikationen der Amylose nahekommt, und dadurch Präparate von relativ hochmolekularer Cellulose zu erhalten, die in verdünnten Natronlaugelösungen oder sogar in Wasser löslich sind.

3. *Neue Typen von Celluloselösungsmitteln*

In den letzten Jahren wurden zur Auflösung von Cellulose und insbesondere zur Herstellung von viskosen konzentrierten Lösungen, die zur Erzeugung von Fasern und Filmen verwendet werden, neue Typen von Lösungsmitteln vorgeschlagen, deren Anwendung ein erhebliches wissenschaftliches Interesse besitzt. Es ist möglich, daß in Zukunft einige davon auch eine praktische Verwendung zum Erspinnen von Regeneratcellulosefasern direkt aus Lösungen der Cellulose und nicht aus Lösungen ihrer Ester finden. In Tabelle 2 sind einige für diesen Zweck vorgeschlagene Lösungsmittel angegeben.

Die größte Zahl der Publikationen beschäftigt sich mit binären Systemen, die N_2O_4 und aprotische Lösungsmittel enthalten [4—6]. Jedoch sind die Angaben über die Zusammensetzung der aus diesen Lösungen isolierten Produkte widersprüchlich. Insbesondere wird gezeigt, daß bei Einwirkung einer NO_2-Lösung in DMF auf Cellulose eine gewisse Menge an Cellulosenitraten gebildet wird [7]. Die Auswahl dieser Lösungsmittel erfolgte bisher empirisch. So steht vor den Physikochemikern, die auf dem Gebiet der Löslichkeit der Cellulose und ihrer Derivate sowie der Eigenschaften der erhaltenen Lösungen arbeiten, die komplizierte und interessante Aufgabe, den Mechanismus der Wechselwirkung der Cellulose mit den neuen Lösungsmitteltypen zu studieren, bevorzugt mit den aprotischen, und besonders die Wirkung von Zusätzen, die in geringen Mengen zu den binären Systemen gegeben werden. Interessante Ergebnisse zu dieser Frage sind in der Arbeit [8] enthalten.

Die Lösung dieser Fragen kann zur Entwicklung von Celluloselösungsmitteltypen führen, deren Anwendung sich in technisch-ökonomischer Hinsicht als aussichtsreich erweisen kann und eine generelle Veränderung und Vereinfachung der gegenwärtig zur Herstellung von Regeneratfasern und -filmen benutzten Methoden erlaubt. Die interessanteste und aussichtsreichste, wenn auch noch nicht ausdiskutierte, Arbeitsrichtung auf diesem Gebiet ist nach unserer Meinung die Klärung der Möglichkeit zur Herstellung konzentrierter Celluloselösungen in solchen Lösungsmitteln, in denen eine hohe Orientierung der Makromolekülaggregate auftritt, d. h. von Lösungen, die sich im flüssigkristallinen Zustand befinden. Dieses Problem ist für die Produktion hochfester Chemiefasern von größter Bedeutung.

Zur Herstellung von solchen Fasern, deren Festigkeit 3- bis 4mal höher ist als die Festigkeit der bekannten Typen von Natur- und Chemiefasern und die eine immer breitere Anwendung in einer Reihe führender Zweige der Volkswirtschaft finden, werden gegenwärtig einige Typen aromatische Ringe und Heteroatome enthaltender synthetischer Polymere mit starrer Kette verwendet. Diese Polymere bilden in Lösung orientierte Aggregate, was auch die Möglichkeit bietet, beim folgenden Verspinnen hochorientierte Fäden mit äußerst hohen Reißfestigkeiten zu erhalten.

Die Lösungen dieser Polymere, die sich im flüssigkristallinen Zustand befinden, sind durch eine Reihe spezifischer Eigenschaften charakterisiert, insbesondere durch einen anomalen Charakter der Viskositätsänderung der Lösungen mit der Erhöhung der Polymerkonzentration. Diese Polymere sind bis jetzt schwer zugänglich, und ihrer Synthese ist recht kompliziert. Deshalb taucht das interessante und in Zukunft vielleicht bedeutsame Problem auf, die Möglichkeit zu klären, als unvergleichlich besser zugängliches Polymer mit regulärer Struktur und Ringgliedern in der Kette, die Cellulose zur Herstellung von konzentrierten Lösungen mit flüssigkristallinem Zustand zu verwenden. Es ist nicht ausgeschlossen, daß Celluloselösungen in bestimmten Lösungmitteln, z. B. in konzentrierter Phophorsäure, die genannten Eigenschaften besitzen. Die Lösung dieses komplizierten Problems kann in drastischer Weise die Frage der Rohstoffbasis für die Produktion hochfester Fasern verändern und die Möglichkeit zu einer starken Erhöhung von deren Produktionsvolumen bieten.

4. Neues zur Synthese und Strukturuntersuchung von Cellulosederivaten

Unter den in der letzten Zeit publizierten Arbeiten, die der Synthese von Cellulosederivaten gewidmet sind, nehmen die Arbeiten zur Herstellung von Celluloseäthern und -estern unterschiedlicher Struktur einen wichtigen Platz ein. Viel Aufmerksamkeit wird der Synthese von gemischten Celluloseäthern und -estern geschenkt. Das ist eine Richtung, die zweifellos von großem wissenschaftlichem und praktischem Interesse ist. Einer der Aspekte beim Studium der Veresterung und O-Alkylierung der Cellulose ist die Untersuchung des Einflusses der Cellulosestruktur und des Typs des veresternden (O-alkylierenden) Reagens auf die Substituentenverteilung in den Celluloseäthern bzw. -estern. Wesentliche Ergebnisse in dieser Richtung wurden von sowjetischen Autoren erhalten [9, 10]. Nach röntgenographischen Daten können die Substituenten in Methylcellulose gleichmäßig längs der Polymerkette verteilt sein (bei der O-Alkylierung mit Methylchlorid) oder definierte Blöcke bilden (Makromolekülbereiche von Trimethylcellulose neben Bereichen von unveränderter Cellulose). Einen analogen Einfluß auf die Verteilung der Substituenten in der Cyanäthylcellulose übt der Typ der Strukturmodifikation der Ausgangscellulose aus: Im Röntgenogramm von Cyanäthylcellulose vom Substitutionsgrad 1,45 bis 1,50, hergestellt aus Cellulose I, treten Reflexe auf, die für eine vollsubstituierte Cyanäthylcellulose charakteristisch sind, während bei der Cyanäthylierung von Cellulose II die Substituenten gleichmäßig entlang der Kette verteilt sind. Allerdings sind diese Arbeiten durch methodische Einseitigkeit gekennzeichnet, da die Untersuchung der Substituentenverteilung praktisch ohne Heranziehung chemischer Methoden erfolgte.

Innerhalb der anderen Reaktionen der „klassischen" Cellulosechemie richtete sich das Interesse erneut verstärkt auf die selektive Oxydation. Das ist nicht zufällig, da die Produkte dieser Reaktion als Ausgangsverbindungen zur Herstellung von Cellulosederivaten mit potentieller biologischer Aktivität dienen können und ihre Untersuchung eine Beantwortung der Frage nach dem Einfluß der Carboxyl-

und Carbonylgruppen auf die Geschwindigkeit chemischer Umsetzungen, die Stabilität der Glukosidbindung u. a. erlaubt.

Die gegenwärtig benutzten Methoden zur selektiven Oxydation der Cellulose sind nicht völlig selektiv (Oxydation mit N_2O_4) oder führen zu einer Spaltung des Pyranosidringes im Makromolekül (Oxydation mit $NaJO_4$). Deshalb ist die Ausarbeitung neuer Methoden der selektiven Oxydation der Cellulose, die insbesondere eine Oxydation der Oxymethylgruppe des Grundbausteins zur Aldehydgruppe oder der sekundären Hydroxylgruppen zu Ketogruppen ohne die oben genannten Mängel erlauben, von erheblichem Interesse. Die Lösung dieser Aufgabe hat nicht nur wissenschaftliches, sondern auch praktisches Interesse, da die Einführung von Carbonylgruppen in das Cellulosemakromolekül ohne merklichen Abbau der Cellulose und ohne das Auftreten von Nebenreaktionen eine der einfachsten realen Methoden ist, um durch nachfolgende Umsetzung Aminogruppen in einer definierten Stellung in das Cellulosemakromolekül einzuführen und damit Cellulosederivate mit potentieller biologischer Aktivität zu erhalten.

An der Lösung dieser Aufgabe arbeiten erfolgreich die Wissenschaftler verschiedener Länder. Eines der aussichtsreichsten Oxydationsmittel, das zur Synthese von 2.3-Ketocellulose verwendet werden kann, ist Dimethylsulfoxid, das im Gemisch mit verschiedenen elektrophilen Reagenzien angewendet wird. Die Gewinnung von 2.3-Ketocellulose bei der Oxydation von Cellulose mit Dimethylsulfoxid nach vorangegangener Blockierung der primären Hydroxylgruppen durch Tritylierung wird durch die Abb. 2 beschrieben.

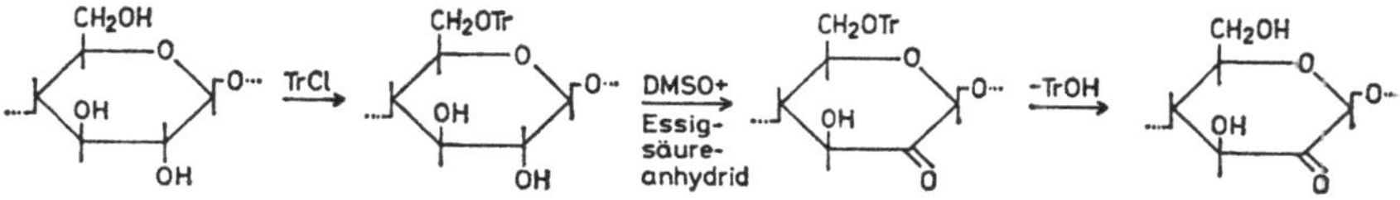

Abb. 2

Bei der Verwendung von Essigsäureanhydrid als elektrophiles Reagens [11] wurden 2.3-Ketocellulosederivate mit Substitutionsgraden von 0,5 bis 0,6 erhalten, in Gegenwart von Dicyclohexylcarbodiimid und Pyridintrifluoracetat wurden Substitutionsgrade von 0,95 bis 1,0 erreicht [12].

Die Oxydation der sekundären Hydroxylgruppen zu Carbonylgruppen wurde auch durch Einwirkung von Chlorbenzotriazol auf 6-0-Tritylcellulose vorgenommen [13]. Der Substitutionsgrad der Oxydationsprodukte blieb, wahrscheinlich infolge sterischer Hinderung, unterhalb von 0,5.

Die Synthese des 6-Aldehydderivates durch Oxydation der primären Hydroxylgruppen in einem Cellulosederivat, in dem die sekundären Gruppen blockiert waren (2.3-Cellulosedicarbanilat), mittels des Systems Dimethylsulfoxid/Essigsäureanhydrid erfolgte nach dem Schema 3.

Wegen der Unbeständigkeit der Aldehydgruppen unter den zur Abspaltung der

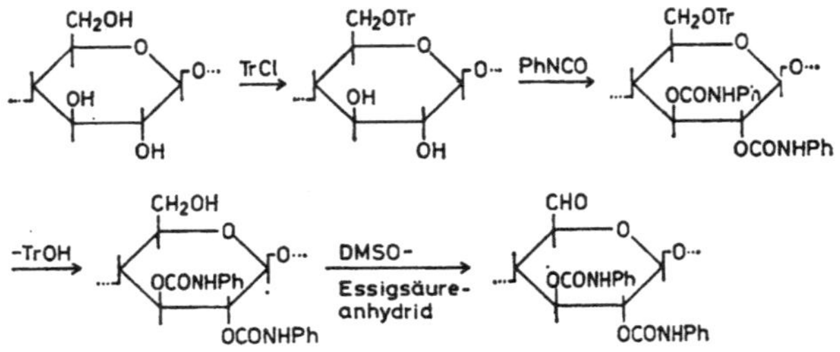

Abb. 3

Phenylcarbamoylschutzgruppen erforderlichen Bedingungen kann diese Methode nicht zur Herstellung der eigentlichen 6-Aldehydcellulose verwendet werden. Diese Verbindung wurde durch Photolyse von 6-Azido-6-desoxycellulose nach der Abb. 4 synthetisiert [14].

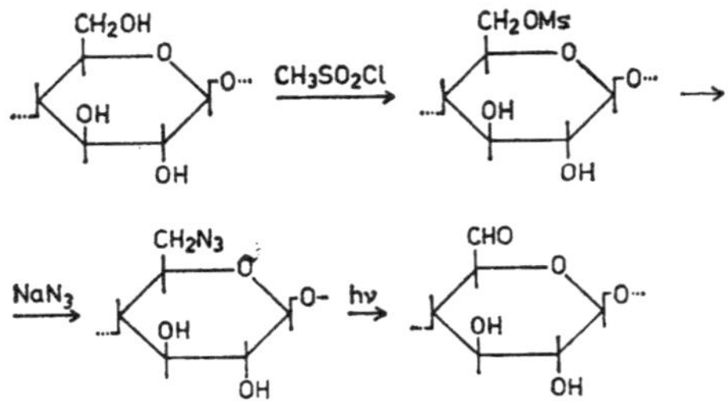

Abb. 4

Jedoch läßt sich nach dieser Methode 6-Aldehydcellulose nur bis zu Substitutionsgraden von 0,08 bis 0,09 erhalten. Die Untersuchung der Eigenschaften der 6-Aldehydcellulose als ein Modell des z. B. bei der Bleiche enstehenden Strukturfragmentes zeigte, daß das Auftreten von Aldehydgruppen in C_6-Stellung des Glukoseringes eine Vertiefung der Farbintensität bei der thermischen Behandlung, das Ablaufen einer β-Eliminierung und eine Beschleunigung der sauren Hydrolyse der Glukosidbindung hervorruft [15].

Die durch selektive Oxydation erhaltenen Produkte mit Keto- und Aldehydgruppen an verschiedenen C-Atomen des Grundbausteins wurden zur Synthese gemischter, Amino- und Carboxylgruppen enthaltender Polysaccharide herangezogen [16, 17].

Von Interesse sind auch Angaben über die Möglichkeit zur Herstellung von 6-Carboxylcellulose durch direkte Oxydation von in konzentrierter Phosphorsäure gelöster Cellulose mit Natriumchlorit [18] (Abb. 5).

Zur Synthese gemischter, NH_2-Gruppen enthaltender Polysaccharide auf der Basis von Cellulose wurden auch andere Methoden vorgeschlagen. So wurde 6-

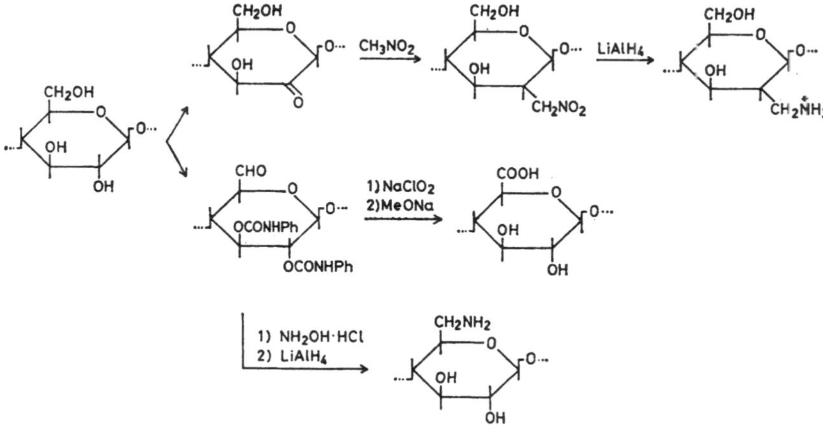

Abb. 5

Amino-6-desoxycellulose durch Reduktion mit $LiAlH_4$ aus 2.3-Di-O-phenylcarbamoyl-6-azido-6-desoxycellulose synthetisiert [19] (Abb. 6).

In der letzten Zeit wurden zur Ermittlung der Struktur neuer Typen von Cellulosederivaten immer öfter Methoden angewendet, die auf einer Untersuchung der Monosaccharidzusammensetzung der Hydrolyseprodukte dieser Derivate basieren. Die Verknüpfung der Ergebnisse dieser Methoden mit der Untersuchung der Substituentenverteilung auf „polymerer Ebene" gibt die Möglichkeit zu einer vollständigeren Information über die Anordnung der Substituenten und ihre Konfiguration.

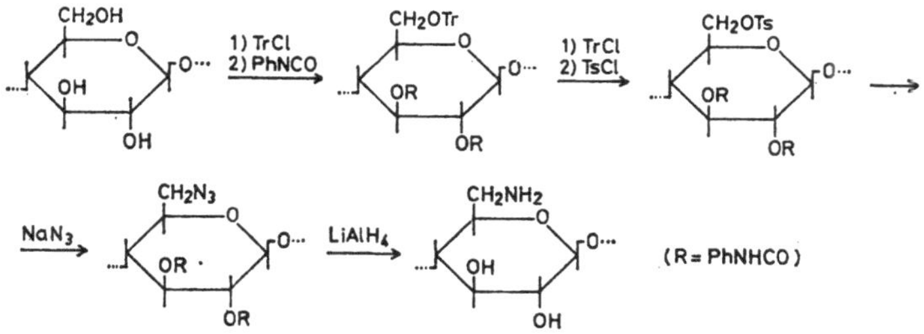

Abb. 6

5. Neue Methoden zur chemischen Umwandlung der Cellulose

Die Hauptmethoden zur Synthese von Cellulosederivaten, die in breitem Umfang in der „klassischen" Cellulosechemie angewendet werden, sind die Methoden der Veresterung, O-Alkylierung und in gewissem Grad der Oxydation. Die Anwendung dieser Methoden erlaubte die Herstellung einer großen Zahl von Cellulosederivaten. Zweifellos behalten diese Methoden auch weiterhin ihre Bedeutung. Gleichzeitig ist die Entwicklung der modernen Cellulosechemie durch die Anwendung neuer Prinzipien bei der Synthese von Cellulosederivaten gekennzeichnet, was die Synthese neuer Klassen von Cellulosederivaten gestattet, deren Herstellung mit den erwähnten Methoden der „klassischen“ Cellulosechemie nicht möglich war. Diese Methoden, die eine immer breitere Anwendung in der Synthesechemie der Cellulose finden, kann man in zwei Gruppen einteilen:

A) Reaktionen, die in der modernen organischen Chemie zur Umsetzung niedermolekularer Mono- und Polyoxyverbindungen angewendet werden, insbesondere nucleophile Substitutionsreaktionen sowie radikalische Additionen. Bei der Anwendung dieser Methoden sind die spezifische Struktur der Cellulose und die Notwendigkeit zur Durchführung der Umsetzung im heterogenen Medium zu berücksichtigen.

B) Reaktionen, die in der Chemie der hochmolekularen Verbindungen zur Herstellung neuer Polymertypen angewendet werden. Dazu zählt in erster Linie die Pfropfpolymerisation, die ein besonderes Interesse für die Schaffung verschiedener Klassen modifizierter Cellulosematerialien hat.

Die breite Anwendung der nucleophilen Substitutionsreaktion auf einige Klassen von Celluloseäthern bzw. -estern bot die Möglichkeit, neue Typen von Cellulosederivaten zu gewinnen, die nicht nur von wissenschaftlichem, sondern auch von praktischem Interesse sind. Einige Klassen dieser Derivate sind in Abb. 7 aufgeführt.

Das größte Interesse bei der Anwendung dieser Methode der gezielten Veränderung der chemischen Struktur der Cellulose hat unserer Meinung nach die Synthese von zur Cellulose stereoisomeren Polysacchariden mit einer anderen räumlichen Anordnung der OH-Gruppen im Grundbaustein des Makromoleküls [20]. Die Synthese dieser Klasse von Polysacchariden erfolgt nach Abb. 8.

Die Besonderheit der Stereochemie dieser Reaktion ist die Konfigurationsänderung der OH-Gruppen an den sekundären C-Atomen des Grundbausteins, was eine Überführung in gemischte Polysaccharide erlaubt, die neben den Glukoseringen Altrose-, Mannose- und andere Monosaccharidglieder enthalten.

Das Vorliegen der sich von der Glukose nur durch die Anordnung der sekundären OH-Gruppen im Ring unterscheidenden Grundbausteine im Makromolekül beeinflußt in starkem Maße einige chemische und physikalisch-chemische Eigenschaften des Polysaccharids, insbesondere die Löslichkeit in kupferammoniakalischer Lösung, die Beständigkeit der Acetalbindung gegenüber der Einwirkung von Säure, die Verätherungs- bzw. Veresterungsgeschwindigkeit und die Löslichkeit der erhaltenen Äther bzw. Ester. Es kann sein, daß die in einer Reihe von Fällen beobachteten anomalen Eigenschaften von Cellulosepräparaten (besonders von Zellstoffen) und der daraus erhaltenen Äther bzw. Ester, vor allem die Herabsetzung der Löslichkeit, durch das Vorliegen einer geringen Zahl sich in der Struktur von der Glukose unterscheidender Grundbausteine zu erklären ist.

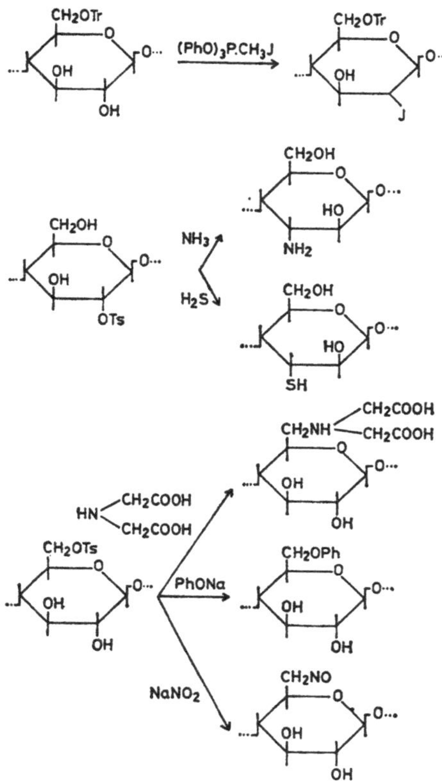
CH2OTr
(PhO)3P.CH3J
OH
J
CH2OH
NH3
H2S
HO
NH2
SH
OTs
CH2NH
CH2COOH
CH2COOH
HN
CH2OTs
PhONa
CH2OPh
NaNO2
CH2NO

Abb. 7

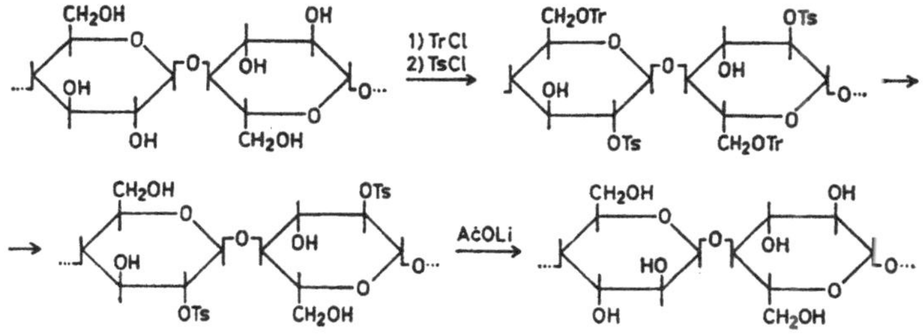
CH2OH
OH
1) TrCl
2) TsCl
CH2OTr
OTs
AcOLi
HO

Abb. 8

Die Fortsetzung dieser in experimenteller Hinsicht schwierigen und komplizierten Untersuchung kann zu neuen Erkenntnissen über den Einfluß feinerer Unterschiede in der Struktur der Grundbausteine des Makromoleküls auf die Eigenschaften der Cellulose und ihrer Derivate führen.

Mit dem Anwachsen der Zahl der Arbeiten, in denen die nucleophile Substitutionsreaktion zur Synthese von Cellulosederivaten herangezogen wurde, erscheinen in jüngster Zeit immer mehr Arbeiten, die dem Studium der Gesetzmäßigkeiten des Ablaufs dieser Reaktionen bei Cellulose und ihren Derivaten gewidmet sind. Die erhaltenen Daten erlauben die Schlußfolgerung, daß die Richtung der Reaktion und ihre Stereochemie in starkem Maße von der Polarisation der Bindung im Ausgangsäther bzw. -ester, von der Polarität und Basizität des Lösungsmittels und vom Charakter des nucleophilen Reagens abhängen. Die Schwierigkeit und in einer Reihe von Fällen Unmöglichkeit, die Teilnahme nicht blockierter Nachbarhydroxylgruppen des Grundbausteins an der Reaktion auszuschließen, führt zu einem Ablauf der nucleophilen Substitution als innermolekulare Reaktion über die Bildung eines Anhydroringes. Die mit der polymeren Struktur der Cellulose zusammenhängenden sterischen Behinderungen für den Angriff der nucleophilen Reagenzien und die Konformationsänderung des Grundbausteins bedingen auch eine Reihe spezifischer Besonderheiten im Ablauf der Reaktionen dieses Typs (s. z. B. [21]).

Originelle Cellulosederivate, deren Herstellung bei Anwendung der üblichen Methoden der „klassischen" Cellulosechemie nicht möglich ist, wurden durch radikalische Addition an die Doppelbindung eines ungesättigten Cellulosederivats — des sog. 5.6-Celluloseens — erhalten [22]. In Abb. 9 sind Typen von Cellulosederivaten aufgeführt, die nach dieser Methode gewonnen wurden.

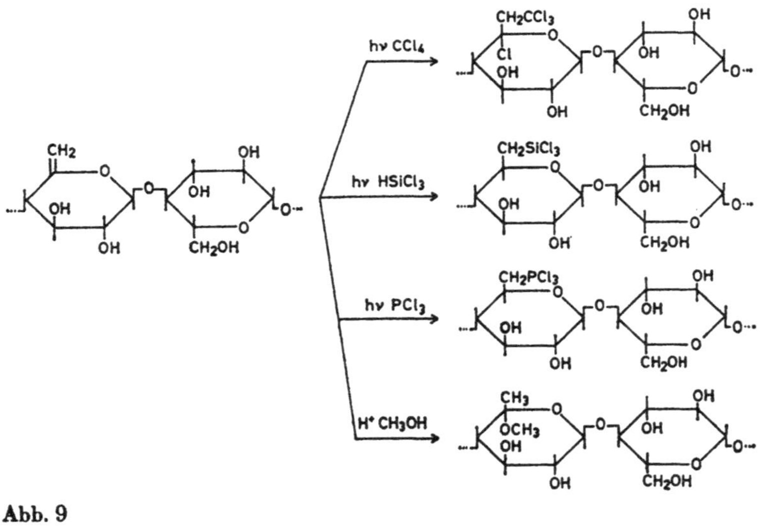

Abb. 9

Weitere Untersuchungen über die Möglichkeit einer breiteren Anwendung dieser Reaktion zur Synthese neuer Cellulosederivate sind von erheblichem Interesse.

Zu den bei der Synthese von Celluloseäthern bzw. -estern breit angewendeten Reaktionen zählt die Umätherung bzw. Umesterung. Auf ihrer Nutzung beruht die Synthese von Cellulosemethyläther durch Einwirkung von Dimethylsulfat sowie Estern der Cellulose mit Borsäure und Säuren des Phosphors und Titans u. a. Jedoch hatten die bis in die letzte Zeit hinein publizierten Arbeiten rein präparativen Charakter. In unserem Laboratorium durchgeführte Untersuchungen [23] zeigten, daß die den Typ des gebildeten Cellulosederivats (Ester oder Äther) bestimmende Richtung der Umätherungs- bzw. Umesterungsreaktion vom Polarisationsgrad der Esterbindung im Molekül des niedermolekularen Esters abhängt, der der „Alkoholyse" durch die Cellulose unterworfen wird. Einige dieser Verhältnisse illustrierende Ergebnisse sind in Tabelle 3 angeführt.

Die in den letzten Jahren hauptsächlich in der Sowjetunion durchgeführten chemischen Umwandlungen gaben die Möglichkeit, die Cellulose aus einer nur einen Typ von reaktionsfähigen funktionellen Gruppen (primäre und sekundäre OH-Gruppen) enthaltenden Verbindung in eine polyfunktionelle Verbindung zu überführen. Eine chemisch modifizierte Cellulose kann fast jeden beliebigen Typ reaktionsfähiger funktioneller Gruppen enthalten. Diese Verbindungen können für die verschiedensten Zwecke und insbesondere für weitere chemische Umsetzungen verwendet werden. Davon besitzen unserer Meinung nach Verbindungen mit primären aliphatischen Aminogruppen sowie mit Gruppen, die für anschließende chemische Umsetzungen genutzt werden können (Carbonylgruppen, Doppel- und Dreifachbindungen), das größte Interesse.

Die weiteren Untersuchungen auf diesem Gebiet der Cellulosechemie sollten auf das Auffinden von Möglichkeiten zur selektiven Einführung der funktionellen Gruppen in den Grundbaustein des Makromoleküls gerichtet sein sowie auf das Studium der allgemeinen Gesetzmäßigkeiten der neuen chemischen Umwandlungsreaktionen der Cellulose und die Besonderheiten, die durch die polymere Struktur der Cellulose hineingetragen werden.

Eine immer breitere Anwendung findet die radikalische Pfropfpolymerisation, bei deren Durchführung die Initiierung der Cellulosemakroradikalbildung durch chemische wie auch durch radiochemische Methoden erfolgt. Wir wollen an dieser Stelle nicht im einzelnen auf diese aussichtsreiche Methode der gezielten Änderung der Zusammensetzung und dementsprechend auch der Eigenschaften der Cellulosematerialien (Faden und Film) eingehen, da die genannte Richtung wiederholt in der Literatur beschrieben wurde [24]. Es ist lediglich zu bemerken, daß in den letzten Jahren unter Labor-, aber in einer Reihe von Fällen auch unter halbtechnischen und technischen Bedingungen, die Synthese von Pfropfcopolymeren der Cellulose mit fast allen bekannten Typen von Vinyl- und Dienmonomeren sowie auch die Propfpolymerisation 3- und 4gliedriger Heteroringe mit der Cellulose durchgeführt wurde.

Auf der Basis der Ergebnisse der vielen experimentellen Arbeiten der letzten

Jahrzehnte gelang es, eine Reihe modifizierter Cellulosematerialien zu entwickeln, die bei ihrem Einsatz effektiver sind als analoge aus synthetischen Fasern hergestellte Erzeugnisse.

Die in diesem kurzen Übersichtsbericht angeführten Ergebnisse zeigen, daß ungeachtet der wesentlichen Fortschritte auf dem Gebiet der Synthese neuer Klassen von Cellulosederivaten und der Untersuchung ihrer Struktur und Eigenschaften vor den auf dem Gebiet der Cellulosechemie arbeitenden Wissenschaftlern noch viele ungelöste Fragen von großer wissenschaftlicher und praktischer Bedeutung stehen.

Literatur

[1] Nazar'ina, L. A., u. a.: Vergleichende Untersuchungen über Reaktionen der Cellulose und die Strukturmodifikationen der Amylose. Cell. Chem. Technol. **9** (1975) S. 529—546.

[2] Kiselev, V. P., u. a.: Vysokomol. Soed. (Hochmol. Verbind.) im Druck.

[3] Klenkova, N. I.: Umsetzung von Cellulose mit Aminen als aussichtsreicher Weg für die Aktivierung der Cellulose. Ž. prikl. Chimii (Z. angew. Chemie) **40** (1967) S. 2191 bis 2208.

Klenkova, N. I., Kulakowa, O. I., Medvedeva, I. A., Volkova, L. A., und Cimara, N. D.: Die Wirkung von Methylamin in verschiedenen Medien auf die Struktur und Reaktionsfähigkeit von Baumwollfasern. Ž. prikl. Chimii (Z. angew. Chemie) **38** (1965) S. 1077—1084.

[4] Schweiger, R. G.: Tappi **57** (1974) S. 86.

[5] Schweiger, R. G.: Chem. Ind. **10** (1969) S. 296.

[6] Nakao, O.: Fiber Sci. Japan **4** (1971) 3, S. 128.

[7] Clermont, L. P., und Bender, F.: Water-soluble cellulose derivates prepared by the action of solutions of nitrogen dioxide in dimethylformamide. J. Polymer Sci., Part A-1 **10** (1972) S. 1669—1677.

[8] Philipp, B., Schleicher, H., und Wagenknecht, W.: Lösungsprozesse der Cellulose in nichtwäßrigen Medien. Cell. Chem. Technol. **9** (1975) 6, S. 265—282.

[9] Vasil'ev, B. V., u. a.: Zum Zusammenhang zwischen Alkylierungsgrad und Struktur von Methylcellulose. Vysokomol. Soed. (Hochmol. Verbind.) B **13** (1971) 6, S. 430—435.

[10] Vasil'ev, B. V., u. a.: Der Einfluß der Alkalisierungsbedingungen der Cellulose auf die Verteilung der substituierten Gruppen in Cyanoäthylcellulose. Vysolkomol. Soed. (Hochmol. Verbind.) A **13** (1971) 7, S. 1577—1584.

[11] Vichoreva, G. A., Gal'brajch, L. S., und Rogovin, Z. A.: Untersuchung der Oxydation von 6-O-Tritylcellulose durch ein neues oxydierendes System aus Dimethylsulfoxid-Essigsäureanhydrid. Cell. Chem. Technol. **8** (1974) S. 115—124.

[12] Usov, A. I., und Ivanova, V. S.: Reduktion von Ketogruppen in mit DMSO oxydierter Cellulose. Izv. AN SSSR, Ser. Chim. (Nachrichten Akad. Wiss. UdSSR, Ser. Chemie) **4** (1973) S. 910—915.

[13] Lišina, L. M., Gal'brajch, L. S., und Rogovin, Z. A.: Vysokomol. Soed (Hochmol. Verbind.) im Druck.

[14] HORTON, D., LUETZOW, A. E., und THECENDER, O.: Carbohyd. Res. **26** (1973) 1, S. 1.
[15] LUETZOW, A. E., und THECENDER, O.: Svensk Papperstidn. **77** (1974) 9, S. 312.
[16] LYŠINA, L. M., u. a.: im Buch „Chemiefaserproduktion“, Moskau 1974, S. 5.
[17] KUZNECOVA, Z. I., IVANOVA, V. S., und USOV, A. I.: Darstellung von C-(Aminomethyl)-cellulose. Izv. AN SSSR, Ser. Chim. (Nachrichten Akad. Wiss. UdSSR, Ser. Chemie) **4** (1971) S. 879—880.
[18] SHENAI, V. A., und SUDAN, R. K.: Homogeneous oxidation of cellulose. Textile Res. J. **41** (1971) 6, S. 554—555.
[19] USOV, A. I., u. a.: Introduction of azide groups into a cellulose molecule and conversion of azidoderivatives into aminopolysaccharides. Vysokomol. Soed. (Hochmol. Verbind.) Serija A, **15** (1973) 5, S. 1150—1153.
[20] BELJAKOVA, M. K., GAL'BRAJCH, L. S., und ROGOVIN, Z. A.: Synthese der Cellulose stereoisomerer Mischpolysaccharide durch nucleophile Substitution. Cell. Chem. Technol. **5** (1971) S. 405—415.
[21] GAL'BRAJCH, L. S., und ROGOVIN, Z. A.: Chemical transformations of cellulose. Advances Polymer Sci./Fortschr. Hochpolymerenforsch. **14** (1974) S. 88—130.
[22] DIMITROV, D. G., GAL'BRAJCH, L. S., und ROGOVIN, Z. A.: Synthese neuer Cellulosederivate durch die Beanspruchung der Doppelbindungen im Molekül des 5,6-Celluloseens. Cell. Chem. Technol. **2** (1968) S. 375—389.
[23] LALETIN, A. I., GAL'BRAJCH, L. S., und ROGOVIN, Z. A.: Untersuchung der Struktur und der Eigenschaften von Cellulose und ihren Derivaten. 324. Mitt. Grundgesetzmäßigkeit der Synthese von Celluloseestern durch Umesterung. Cell. Chem. Technol. **5** (1971) S. 3—16.
[24] LIVŠIC, R. M., und ROGOVIN, Z. A.: Fortschritte der Polymerchemie. Verlag „Wissenschaften“ Moskau **1969**, S. 158; ROGOVIN, Z. A.: Several problems in the synthesis of graft copolymers of cellulose and in investigating their properties. J. Polymer Sci., Part C, **37** (1972) S. 221—237.

Tabelle 1
Charakteristik der Strukturmodifikationen von Polysacchariden

Polysaccharid	Strukturmodifikation	Glukosidbindung	Konformation des Grundbausteins	Bildungsbedingungen der Strukturmodifikation	Löslichkeit
Cellulose	Cellulose I	β-1.4	C 1		in Cuoxamlösung 100%
	Cellulose II (Regeneratcellulose)	β-1.4	C 1	Aus Cellulose I durch Alkalibehandlung und nachfolgendes Auswaschen, durch Veresterung und Verseifung	
Amylose	V	α-1.4	C 1; B 1		löslich in Wasser
	B	α-1.4	3 B	Behandlung von Amylose mit Wasser	unlöslich in Wasser
Dextran	amorph	α-1.6	C 1	Umfällung des Dextrans aus wäßriger Lösung mit Alkohol	rasch löslich in Wasser und in Formamid 100%
	I	α-1.6	C 1	Behandlung von amorphem Dextran mit Formamid bei 80 °C und anschließende langsame Trocknung	in Formamid zu 40%, in Wasser rasch löslich 100%
	II	α-1.6	C 1	Behandlung von amorphem Dextran mit Wasser bei 80 °C und anschließende langsame Trocknung	in Formamid 100%, in Wasser 75%

Tabelle 2
Einige neue Celluloselösungsmittelsysteme

Lösungsmittelsystem	Konzentration an N_2O_4 (NOCl) in der Lösung %	Cellulose-konzentration %
N_2O_4 + Dimethylsulfoxid	3 bis 30	bis 17
N_2O_4 + Dimethylformamid	3	bis 5
N_2O_4 + Dimethylacetamid	—	—
NOCl + Dimethylformamid	3	bis 5
flüssiges Schwefeldioxid + sekundäre und tertiäre aliphatische Amine	—	—

Tabelle 3
Einfluß der Dissoziationskonstanten der in dem der Alkoholyse durch die Cellulose unterworfenen niedermolekularen Ester vorliegenden Säure auf den Substitutionsgrad der erhaltenen Celluloseäther bzw. -ester

im niedermolekularen Ester vorliegende Säure		Substitutionsgrad	
RBR—COOH	$K_{25} \cdot 10^{-5}$ (thermodynamisch)	Alkylgruppen	O-Alkylgruppen
$C_6H_5CH_2-$	4,88	0,45	—
C_6H_5-	6,3	0,47	—
$p-ClC_6H_4-$	10,3	0,54	—
$p-HOC_6H_4-$	26,2	0,67	—
$p-O_2NC_6H_4-$	37,2	0,59	—
$C_6H_5OCH_2-$	75,6	0,64	—
$ClCH_2-$	138	0,74	0,06
$2.4-Cl_2C_6H_3OCH_2-$	230	0,87	0,13
$O-O_2NC_6H_4-$	675	0,54	0,18
$2.4.6-(O_2N)_3C_6H_2-$	22 400	0,48	0,75
$CF_3CF_2CF_2-$	68 000	0,01	1,70

W. Bobeth

Nutzung mikroskopischer Quellungs- und Lösemethoden in der Faserstofftechnologie

Sehr geehrter Herr Kollege Correns!

Es ist mir eine große Freude, auf diesem Ihnen zu Ehren veranstalteten Kolloquium über ein methodisches Arbeitsgebiet sprechen zu dürfen, das für mich eng mit den Begründern unserer Fachzeitschrift „Faserforschung und Textiltechnik", nämlich E. Correns und W. Frenzel, verbunden ist. Sie selbst, lieber Herr Correns, haben mich — ebenso wie Walter Frenzel — gerade in den 50er Jahren mehrfach angeregt, mich intensiv mit der Faserstoffmikroskopie zu befassen und meine Arbeiten in unserer Akademie-Fachzeitschrift zu veröffentlichen.

Dieser Vortrag ist für mich eine willkommene Gelegenheit, nach über 25 Jahren der Beschäftigung mit dem Mikroquell- und Mikrolöseverhalten von Faserstoffen Bilanz darüber zu ziehen, welche Möglichkeiten und welche Grenzen der Aussage diese hauptsächlich im Zusammenhang mit technologischen Aufgabenstellungen erarbeiteten Methoden der Quellungs- und Lösungsmikroskopie von Faserstoffen bei der Beschaffenheitsanalyse der Faserstoffe besitzen, welche Resonanz diese Methoden gefunden haben und wie weit sie im Zeitalter beeindruckender Enwicklungen auf dem Gebiet der Elektronenmikroskopie und mannigfaltiger spektroskopischer Verfahren noch aktuell sind.

Qualitative Methoden

Angeregt durch die von P.-A. Koch bereits Anfang der 40er Jahre aufgefundene Frotté-Reaktion an Polyamid-Faserstoffen in Chlorzinkjodlösung [1] begann ich, die verschiedensten Chemiefaserstoffe, die bei normaler lichtmikroskopischer Betrachtung in Längs- und Queransicht meist nicht zu indentifizieren sind, durch Einbettung in geeignete Quell- oder Lösemittel zu faserstoffspezifischen Reaktionen — meist Formveränderungen — zu veranlassen. Das gelang damals mit den Hauptgruppen der Faserstoffe durchaus und gestattete, einen mikroskopischen Faserstoffidentifizierungsschlüssel aufzustellen, nach dem in mikroskopischen Praktika Studenten noch heute mit hoher Sicherheit unbekannte Faserstoffproben unseres Wirtschaftsgebietes identifizieren [2].

Gegenüber makroskopischen Lösereaktionen, die z. B. auch dem Bestimmungsschlüssel von M. Stratmann [3] zugrunde liegen, sind mikroskopische Faserstoffidentifizierungsmethoden gerade bei Identifizierung von Faserstoffmischungen geeigneter. Mit diesem Bestimmungsschlüssel kann der Zeitaufwand für die Faserstoffidentifizierung außerdem gering gehalten werden; allerdings sind im Vergleich zu Reagenzglasversuchen etwas höhere Anforderungen an Erfahrung und Fertigkeiten der Prüfperson zu stellen. Bei der Vielzahl der heute auf dem internationalen Markt vorliegenden synthetischen Faserstoffe (Spezialfaserstoffe, Bikomponentenfaserstoffe usw.) sind aber noch zahlreiche, meist mikroskopische Sonderreaktionen erforderlich, mit denen sich insbesondere M. Stratmann ausführlich befaßte [3].

Ziel der eigenen qualitativen mikroskopischen Untersuchungen war darüber hinaus, Aussagen über die morphologische Struktur insbesondere der bis dahin noch wenig analysierten synthetischen Faserstoffe zu gewinnen. Bei der Suche nach spezifischen Mikroreaktionen fiel zuerst an Polyesterfasern — in diesem Falle beim Arbeiten mit konzentrierter handwarmer Phenollösung — auf (Abb. 1), daß das mehr oder weniger schnelle Eindiffundieren ausgewählter Quellmittel in die Faser sehr gut im Mikroskop betrachtet werden kann. Da unterschiedliche optische Dichten zwischen der bereits gequollenen Randzone und dem ungequollenen Faserkern bestehen, erscheint der ungequollene Teil im Innern der Faser im mikroskopischen Bild wie ein Lumen, das sich allmählich verkleinert und schließlich verschwindet. Dieser „Scheinlumen"-Effekt, oft auch in Verbindung mit interessanten Schnitt-

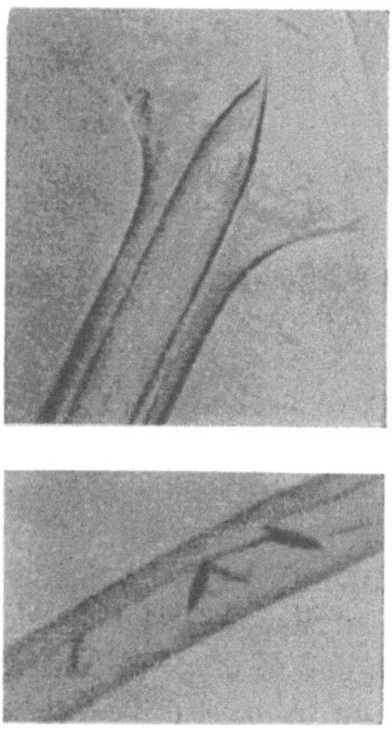

Abb. 1 Polyester-Versuchsfasern in handwarmer konzentrierter Phenollösung
Oben: Scheinlumenbildung und Schnittendenquellung
Unten: Stauchbeginn am Scheinlumen

endenquellungen, konnte nach Auffinden geeigneter Quellmittel schließlich auch an anderen Faserstoffen beobachtet werden.

Interessant sind die Begleiterscheinungen bezüglich der Form der Scheinlumenumsetzung, die durch Schrumpfen oder Längen der quellenden Randzone der Fasern hervorgerufen werden und zu Stauchungen oder Zerreißungen des Scheinlumens führen, wie es in Abb. 2 für verschiedene Proteinfasern bei Einbettung in spezielle Schwefelsäurelösungen schematisch dargestellt ist. Schafwolle wird gleichmäßig von außen nach innen durchdrungen, wobei eine beträchtliche Dickenquellung der Gesamtfaser und ein vorübergehendes Abspreizen der Schuppen festzustellen ist, von denen auch einige abbrechen (Abb. 3) [2].

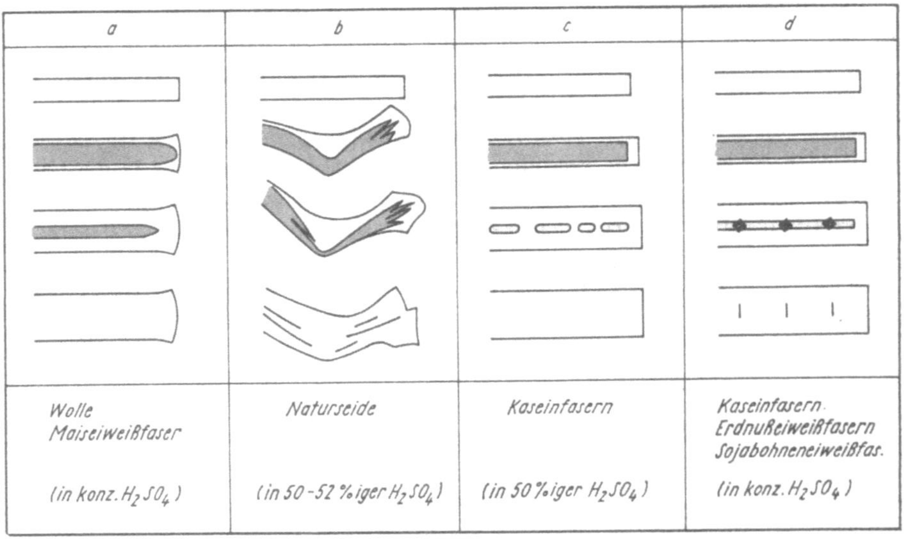

Abb. 2 Schematische Darstellung der möglichen Formen der Scheinlumenumsetzung am Beischiel verschiedener Proteinfasern in Schwefelsäure

Längung oder Stauchung des quellenden Teiles ist nicht zu beobachten, so daß sich der Scheinlumen-Durchmesser gleichmäßig verringert und schließlich verschwindet. Bei leichtem Druck auf das Deckglas zerfällt die Faser in die Kortexzellen.

An Kaseinborsten kommt es in konzentrierter Schwefelsäure zu einer Längung der gequollenen Randzone und damit zu Zugkräften, die zu einem Zerreißen des Scheinlumens führen, sobald dieses so dünn geworden ist, daß es den Zugkräften keinen ausreichenden Widerstand mehr entgegensetzen kann (Abb. 4) [4].

Das andersartige Verhalten von Naturseide (Bombyx mori) dürfte darauf zurückzuführen sein, daß die Fibroinfäden von der Raupe unter Spannung ersponnen werden und die Polypeptidketten — im Gegensatz zur α-Struktur des Keratins

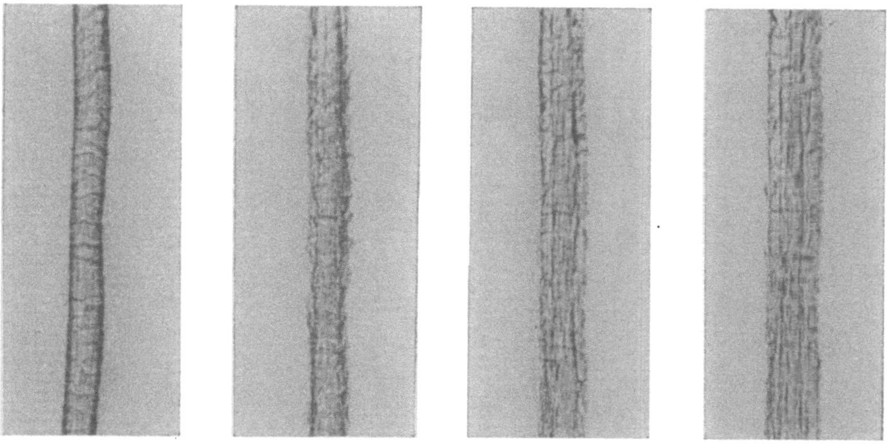

Abb. 3 Schafwolle in konzentrierter Schwefelsäure (Scheinlumenbildung, Abspreizen der Schuppen, Sichtbarwerden der Kortexstruktur)

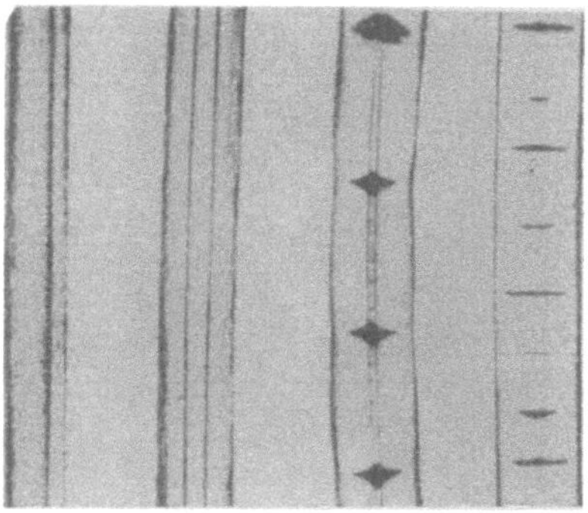

Abb. 4 Kaseinborsten in konz. Schwefelsäure (Scheinlumenbildung und -zerreißung)

der Wolle (Helix) — hier eine β-Struktur aufweisen. Abb. 5 läßt erkennen, daß es in 55%iger H_2SO_4 zu heftigen Schrumpferscheinungen des gequollenen Materials kommt, wobei stellenweise durch die auf das Scheinlumen einwirkenden Stauchkräfte ein Knicken desselben und dadurch ein Aufreißen der gequollenen Fasermasse zu beobachten ist.

Die Art und Weise des Scheinlumenstauchens ist von den inneren orientierungsbedingten Spannungen des Faserstoffs und der Quellkraft des Quellmittels abhängig. Wirken starke Stauchkräfte, wie z. B. beim Einbetten der Polyvinylchloridseide ENVILON (Toyo, Japan) in erwärmtes Dioxan, so kann das Scheinlumen beim Stauchen durch die gequollene Randzone herausgestoßen werden, und es kommt nunmehr zur Quellung dieses herausgestoßenen Teils der Faser, und zwar erneut unter Scheinlumenbildung (Abb. 6). An der völlig durchgequollenen Faser

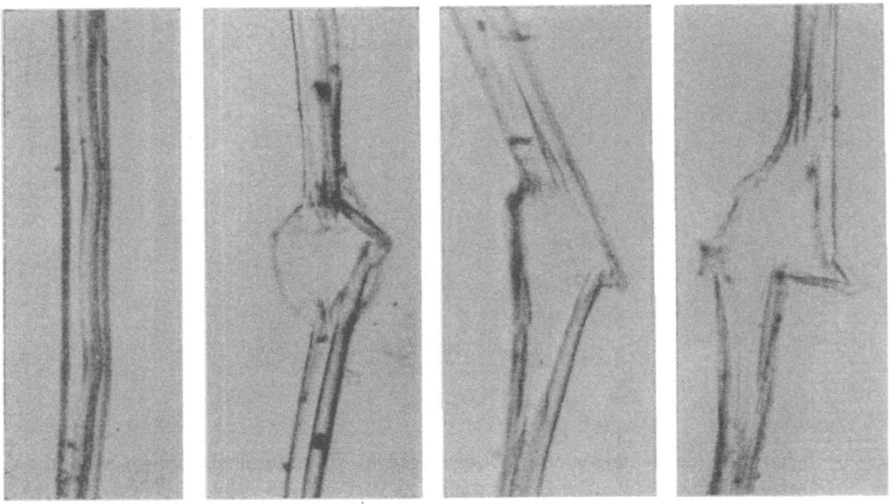

Abb. 5 Naturseide in 50%iger Schwefelsäure (Scheinlumenbildung und -stauchung)

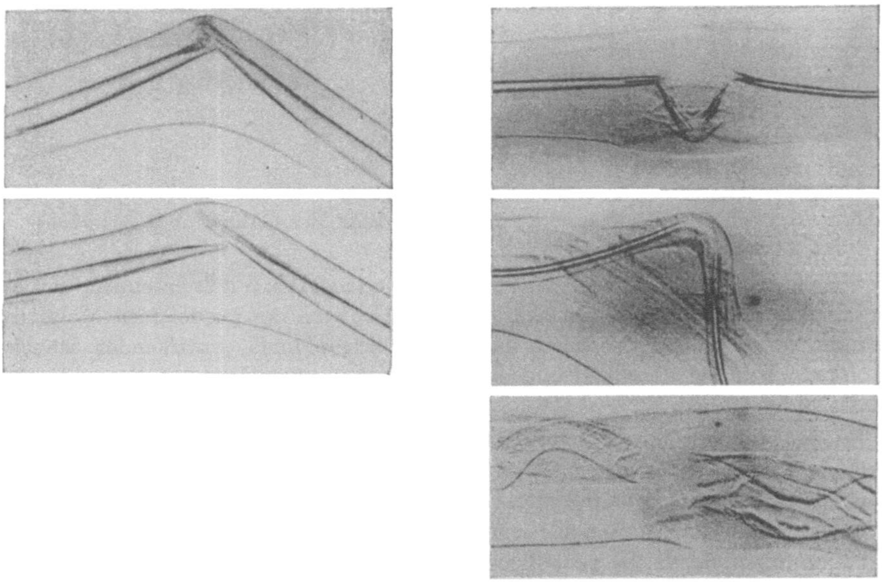

Abb. 6 Polyvinylchloridseide ENVILON in erwärmtem Dioxan (Scheinlumenbildung und -stauchung, stark)

sind noch die aufgerissenen Spalten zu erkennen, durch die das Scheinlumen herausgestoßen wurde.

Bei anderen Faserstoffen sind die Stauchkräfte meist geringer, so daß das Scheinlumen den Kraftwirkungen von der gequollenen Randzone her relativ lange Widerstand leistet und erst, wenn es bereits relativ dünn ist, scherend zerstört wird, wie z. B. beim Einbetten von Polyester in konz. Phenollösung (Abb. 7) [5].

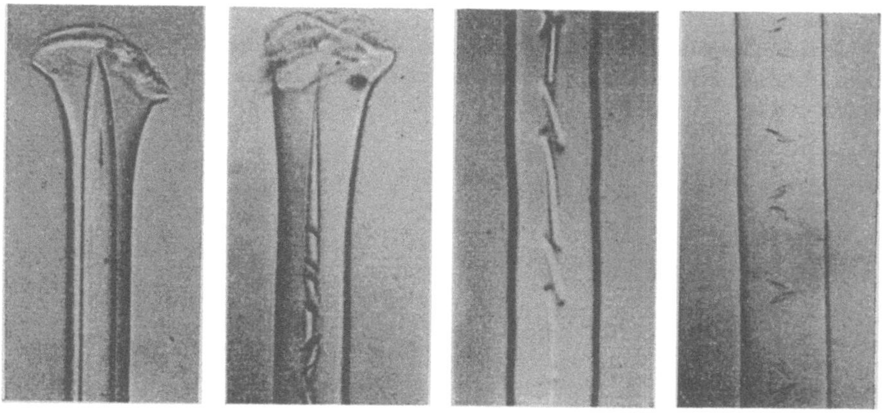

Abb. 7 Polyesterseide in konz. Phenollösung (Scheinlumenbildung und -stauchung, schwach)

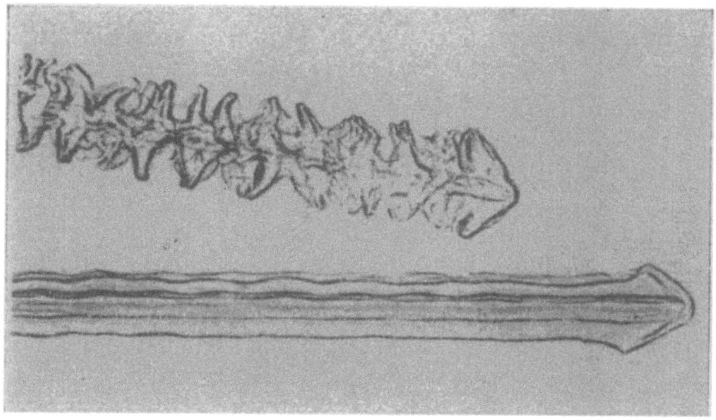

Abb. 8 Polyakrylnitrilfaser WOLCRYLON in Schwefelsäure/Amylazetat (1 : 1),
oben: unfixiert (Scheinlumenbildung, Zerreißen der quellenden Fasermasse infolge starker Schrumpfkräfte)
unten: fixiert (Scheinlumenbildung, infolge schwacher Schrumpfkräfte gequollene Randzone nur wellig)

In speziellen Fällen hat die gequollene Randzone ein besonders starkes Schrumpfbestreben, wie z. B. bei der Einbettung von Polyakrylnitrilfasern in eine Mischung aus Schwefelsäure und Amylazetat (Abb. 8) [6]; daher kommt es gleich zu Beginn der Quellmitteleinwirkung zu Zerreißungen der gequollenen Randzone und zu frottéartigen Oberflächenverwerfungen. Hier ist das Scheinlumen noch so stabil, daß es auf die von der gequollenen Randzone ausgehenden Kraftwirkungen nicht reagiert. In analoger Weise ist auch die schon erwähnte Frotté-Reaktion an Polyamidfasern zu deuten.

Folgende Besonderheiten zeigen sich an den gequollenen Schnittenden, aus denen ebenfalls Rückschlüsse auf Struktur und Eigenschaften der Fasern gezogen werden können:

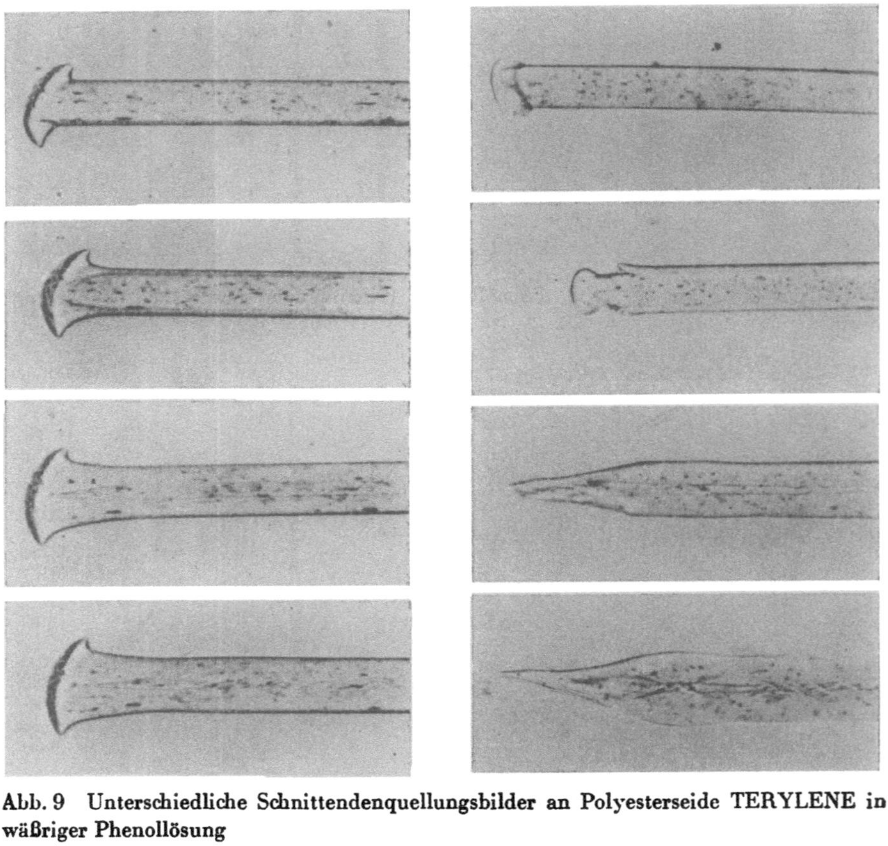

Abb. 9 Unterschiedliche Schnittendenquellungsbilder an Polyesterseide TERYLENE in wäßriger Phenollösung
links: unfixiert (kelchförmige Aufweitung, kompaktes zugespitztes Scheinlumen)
rechts: heißluftfixiert (pilzkopfförmige Aufweitung am Schnittende, allmählich Absplittern des gequollenen Teils von der Faserspitze beginnend, setzt sich z. T. längs der Faser fort)

— kelchförmige Aufweitung mit zugespitztem kompaktem Scheinlumen, z. B. an Polyesterfasern in konz. Phenollösung (Abb. 9)
— kelchförmige Aufweitung mit fibrillarer Aufspaltung des Scheinlumens, z. B. an der Polyvinylchloridseide ENVILON in erwärmtem Dioxan (Abb. 10)
— pilzförmige Schnittendenquellung bei Fasern mit relativ formstabiler Mantelschicht oder Faserhaut, z. B. bei der Polyamidfaser RILSAN in Salzsäure (Abb. 11)
— Schornsteineffekt (Abb. 12) z. B. an einer Polyamidfaser, deren Randzone durch strahlenchemische Modifizierung mit Polystyrol gegenüber Polyamidlösemitteln stabil ist, während sich der nicht modifizierte Kern löst, und die gelöste Substanz an dem Schnittende herausströmt [7]. Einen analogen Effekt

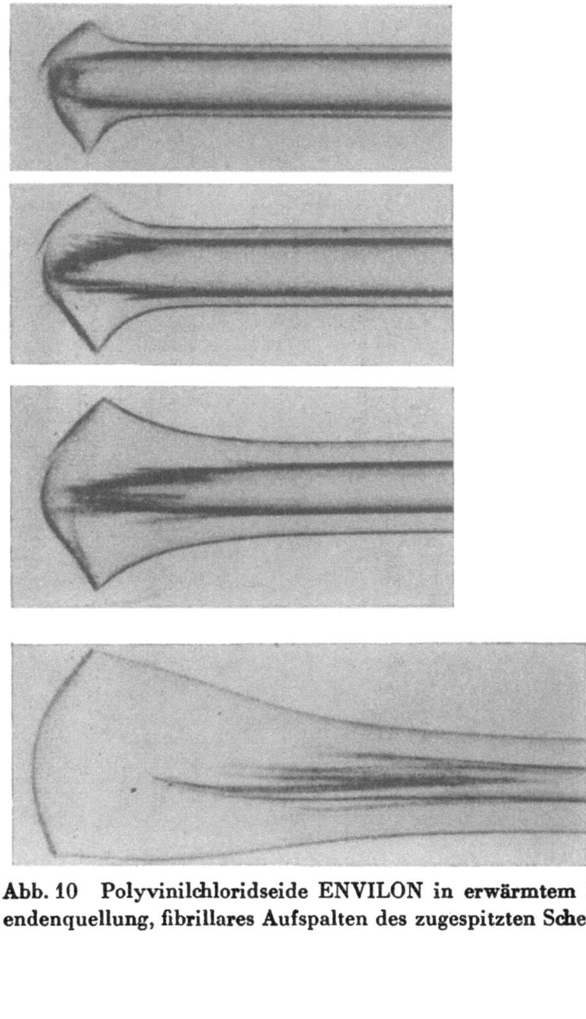

Abb. 10 Polyvinilchloridseide ENVILON in erwärmtem Dioxan (kelchförmige Schnittendenquellung, fibrillares Aufspalten des zugespitzten Scheinlumens)

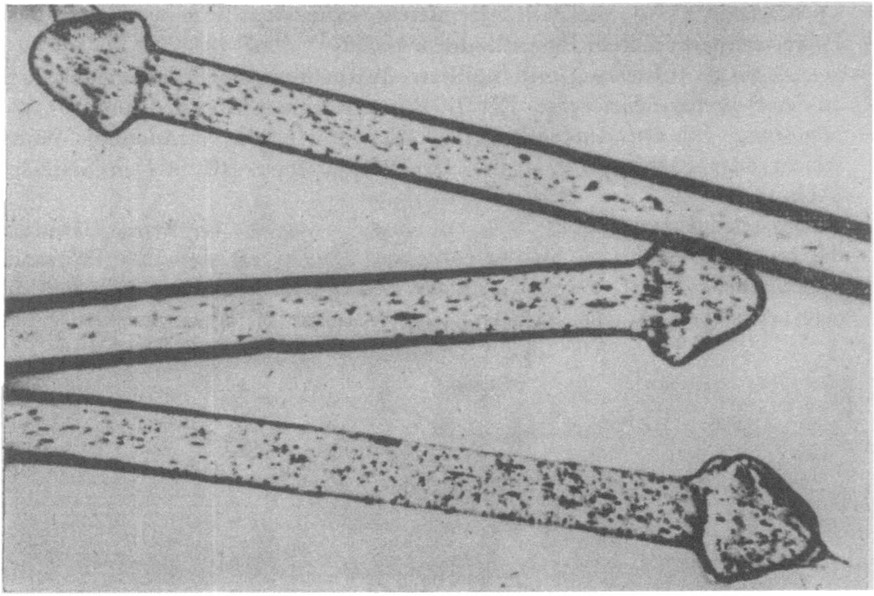

Abb. 11 Polyamidfaser RILSAN in HCl (pilzkopfförmige Schnittendenquellung)

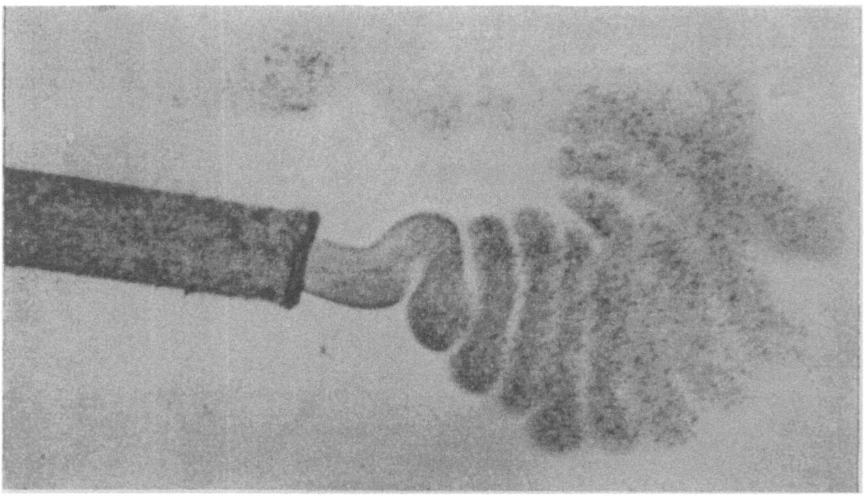

Abb. 12 Mit Styrol gepfropfte Polyamidmonofilseide DEDERON in 32%iger H_2SO_4 (40 °C)
(Schornsteineffekt durch Auflösung des nicht modifizierten Faserkerns)

beobachteten wir auch an einer Polyamidmonofilseide, die in Gewebeform gepfropft wurde; an den Fadenkreuzungsstellen wurde das Propfen mit dem Monomeren verhindert; an diesen Stellen kann die gelöste Polyamidsubstanz des nicht modifizierten Kernes ausströmen (Abb. 13) [8].

Zahlreiche Autoren haben inzwischen die strukturellen Unterschiede zwischen den Polynose-, HWM-, hochnaßfesten und klassischen Viskosefaserstoffen durch Mikroquellungsreaktionen analysiert, wobei Schnittendenquellungen in EWNN und Defibrillierung durch Quetschen nach Quellung in geeigneten Quellmitteln interessante Strukturerkenntnisse vermitteln.

Einbettung in Chlorzinkjodlösung nach A. Bargash (Abb. 14) führte nach A. Mally [9] zu Scheinlumenbildung auch an Polynosefasern, zur Lösung des

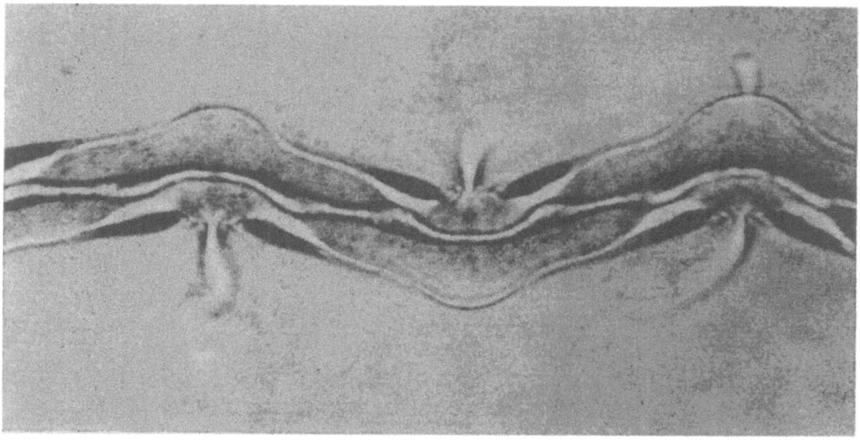

Abb. 13 Mit Styrol gepfropfte Polyamidmonofilseide DEDERON in 94%iger H_2SO_4 (40 °C) („seitliche Schornsteine", Auflösung des nicht modifizierten Faserkernes, der an den nicht gepfropften Stellen des Fasermantels ausströmt)

	Cl-Zn-J-Lösung nach Merck (DAB 6)	Cl-Zn-J-Lösung nach Bargash
Zinkchlorid in g	66	100
Kaliumjodid in g	6	32
dest. Wasser in g	34	34
Jod	soviel wie die Lösung aufnimmt	soviel wie die Lösung aufnimmt

Abb. 14 Vergleich der Zusammensetzung von Chlorzinkjodlösung nach Merck und nach A. Bargash

Kernes und zum anschließenden Aufspalten des Mantels bei Kern/Mantel-Fasern und sogar zu der Baumwolle ähnlichen Kugelquellungsbildern an HWM-Fasern (Abb. 15). Von A. Mally [10] wurden weiterhin mikroskopische Quell- und Löse-

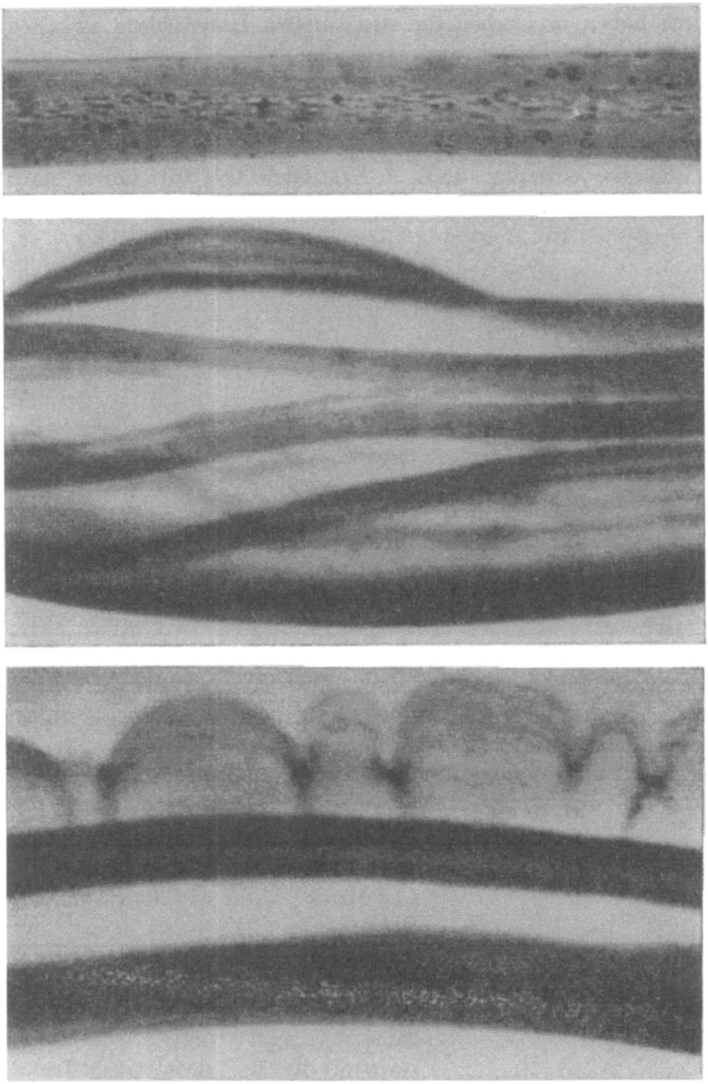

Abb. 15 Modifizierte Viskosefasern in Chlorzinkjodlösung nach A. Bargash
a) oben: Polynosefaser: Scheinlumenbildung
b) Mitte: Kern-Mantel-Faser; Auflösung des Kernes, Aufspaltung des Mantels
c) unten: HWM-Faser; kugelbauchähnliches Quellungsbild

versuche auch zur Beurteilung von mit Akrylnitril chemisch gepfropften Viskosefasern verwendet. Dabei wies der Autor eine bevorzugte Randzonenpfropfung nach und schlußfolgerte, daß unter den angewandten Pfropfbedingungen die Diffusionsgeschwindigkeit für das Monomere geringer als die Pfropfgeschwindigkeit war, so daß das nachdiffundierende Monomere sofort in der Außenzone umgesetzt wurde. Wegen starker Pfropfungleichmäßigkeiten der in Gewebeform gepfropften Fasern zeigten sich alle Umsetzungsformen vom vollständigen Auflösen eines Faserabschnittes, über nur mehr oder weniger stark ausgeprägte Auflösung der nicht modifizierten Kernsubstanz bis zur differenziert quellenden Umsetzung im Falle der Polymereinlagerung bis zum Faserzentrum (Abb. 16).

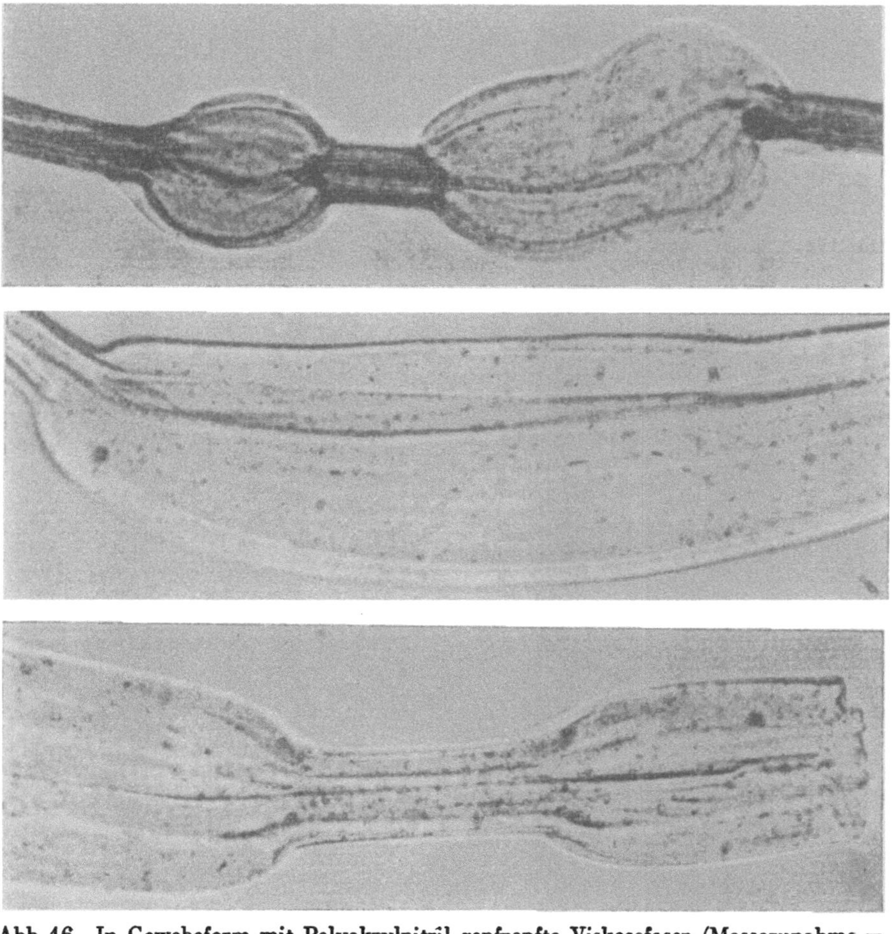

Abb. 16 In Gewebeform mit Polyakrylnitril gepfropfte Viskosefaser (Massezunahme = 39,2%) in Kuoxam bzw. Kuämin

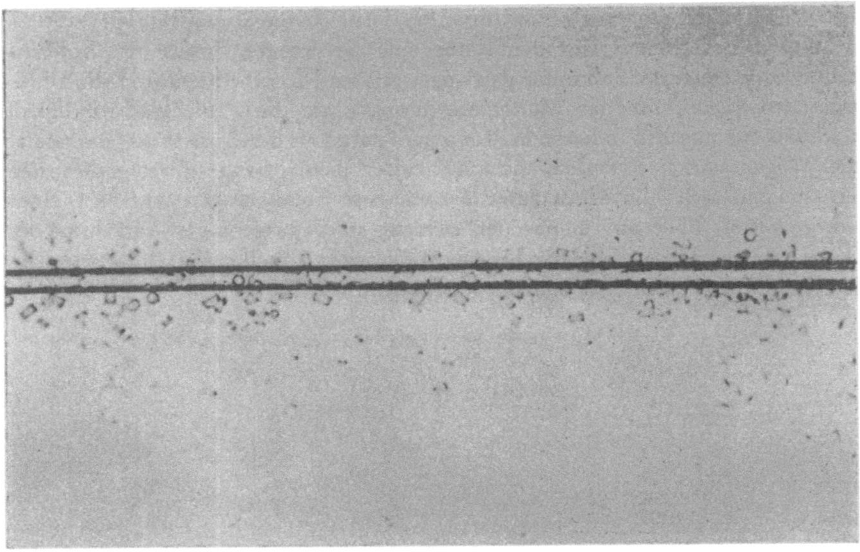

Abb. 17a

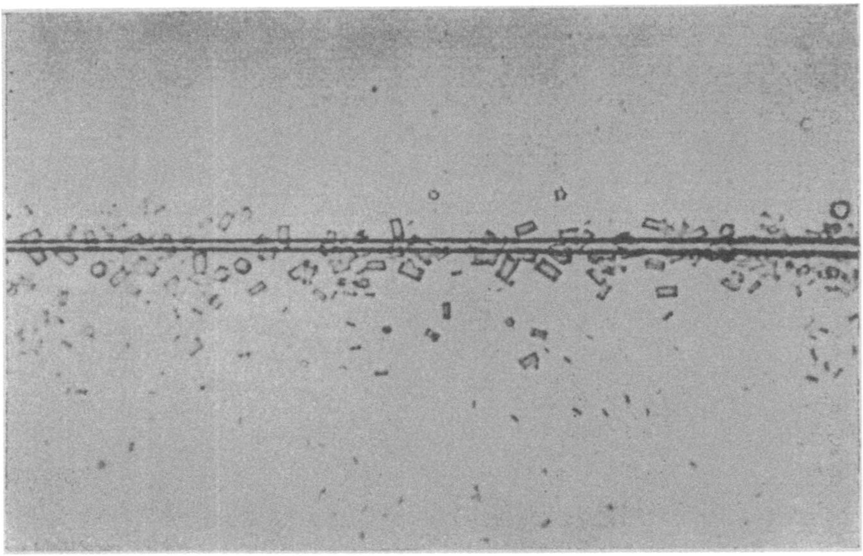

Abb. 17b

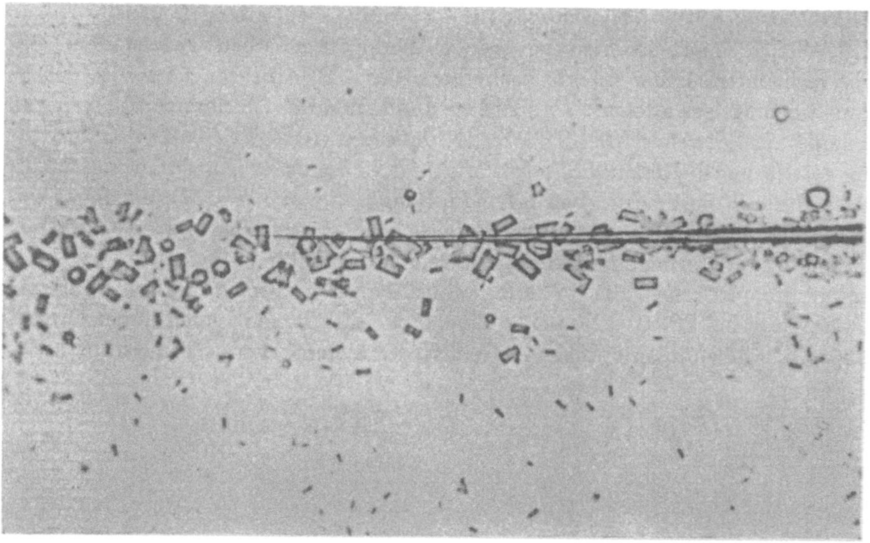

Abb. 17c

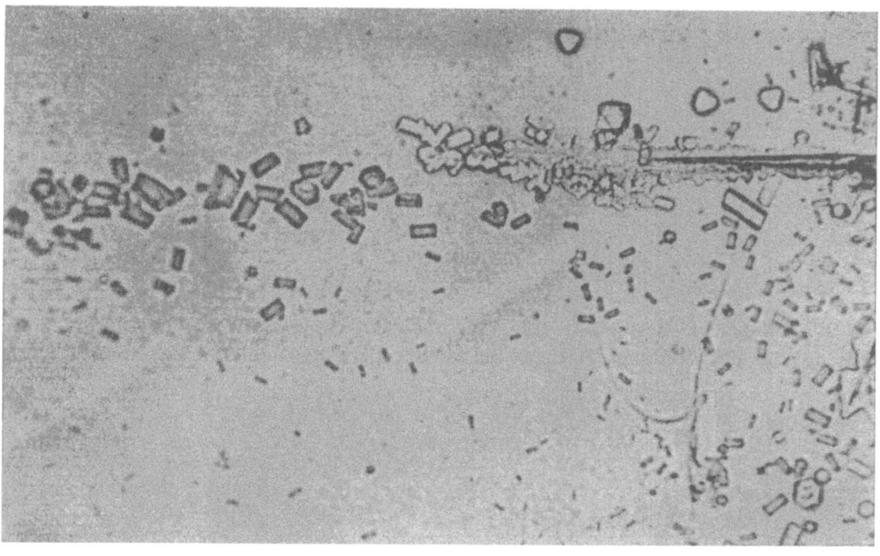

Abb. 17d

Abb. 17 Alkalireiche Glasseide in einer Mischung (1 : 1) aus Schwefelsäure (37%ig) und Flußsäure (10%ig), (Bildung tafelförmiger Kalziumsulfatkristalle und hexagonaler Natriumhexasilikatkristalle)

Mikrolöseversuche sind zweifellos für qualitative Beurteilungen meist weniger aufschlußreich; doch konnten wir gerade bei anorganischen Faserstoffen eine Reihe recht interessanter Effekte beobachten, die z. B. Aussagen über die Glaszusammensetzung gestatteten. Während sich alkalireiche Glasfaserstoffe in einer Mischung aus Schwefelsäure (37%ig) und Flußsäure (10%ig) — 1 : 1 — unter Bildung tafelförmiger Kalziumsulfatkristalle und hexagonaler Natriumhexafluorsilikatkristalle mit einer schwachen roten Färbung auflösen (Abb. 17), entstehen bei der Lösung alkaliarmer, aber kalziumreicher Glasfaserstoffe (sog. E-Glas) nur stäbchen- bis tafelförmige Kristalle aus Kalziumsulfat (Abb. 18) [11].

Interessant ist auch die Wirkung einer längeren Einwirkung von 5%iger Schwefelsäure bei 80 °C [12]: neben einer Art Scheinlumen ist ein äußerst regelmäßiges schraubenlinienförmiges Aufreißen der äußeren Faserschichten zu beob-

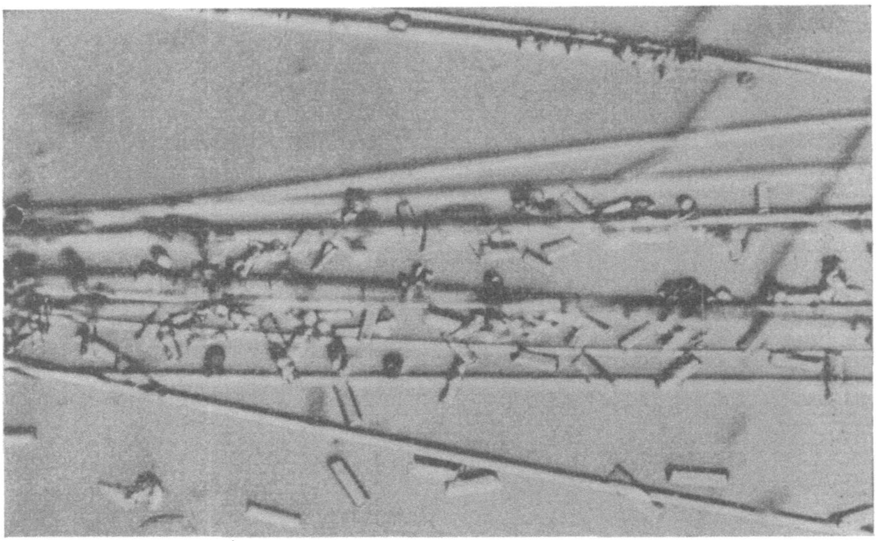

Abb. 18 Alkaliarme Glasseide in einer Mischung (1 : 1) aus Schwefelsäure (37%ig) und Flußsäure (10%ig), Bildung stäbchen- bis tafelförmiger Kristalle aus Kalziumsulfat)

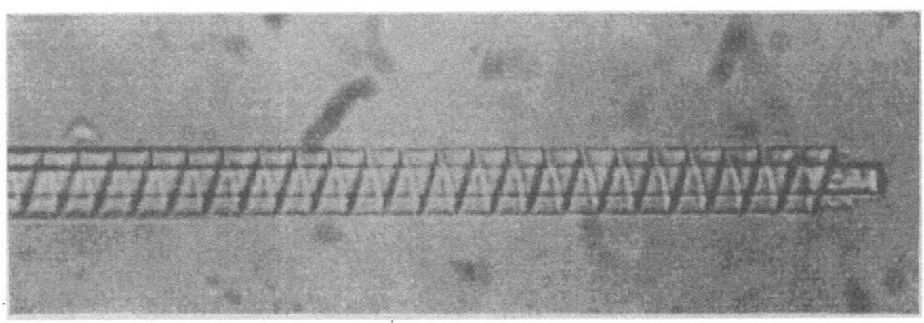

Abb. 19 Alkaliarme Glasseide (E-Glas) in 5%iger Schwefelsäure bei 80 °C (Scheinlumenbildung, schraubenförmiges Aufreißen der äußeren Faserschicht)

achten (Abb. 19). Diese Spalten gehen tief in das Faserinnere hinein, wie dies das rasterelektronenmikroskopische Bild beweist (Abb. 20).

Wertvolle Aussagen vermitteln auch **Querschnittsbetrachtungen** in Verbindung mit Quellmittel- oder Lösemittelbehandlungen; auch Anfärbung der Querschnitte und ggf. Betrachtung im UV-Licht tragen zur Vertiefung der Informationen bei. Diese Methode wurde von Mitarbeitern zur Untersuchung der Pfropftiefe und Pfropfgleichmäßigkeit von strahlenchemisch modifizierten Synthesefaserstoffen angewandt. So konnte die Randzonenpfropfung einer Polyamidfaser mit Akrylamid bereits bei Einbettung in Wasser (Abb. 21 a), durch das die modifizierten Zonen sofort gequollen werden, erst recht aber bei Anwendung erwärmter Chlorzinkjodlösung (Abb. 21 b) nachgewiesen werden, durch die die nicht modifizierte Kernsubstanz aufgelöst wurde, während sich die gepfropfte Randzone als beständig erwies. Außerdem konnte eine durch die Inhibitorwirkung des Luftsauerstoffes bedingte ungepfropfte Randzone von Polyamidfasern im Falle der Anwendung der Vorbestrahlungsmethode bei Pfropfung auf Primärradikale festgestellt werden (Abb. 22). Bei analogen Pfropfungen auf dem Jigger, bei dem also Sauerstoff- und Monomereinwirkung wiederholt wechselte, konnten dementsprechend modifizierte und nicht bzw. weniger stark modifizierte konzentrische Zonen bei Einbettung in erwärmte Chlorzinkjodlösung (Abb. 23) nachgewiesen werden.

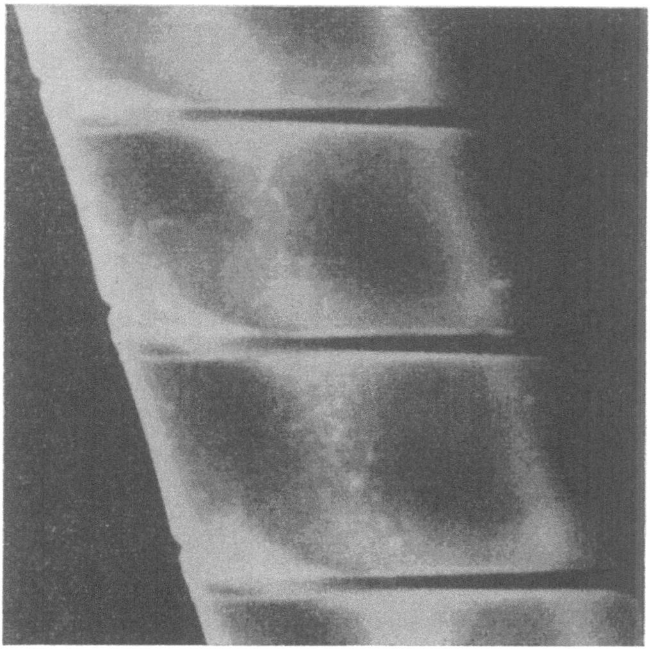

Abb. 20 Rasterelektronenmikroskopisches Bild einer alkaliarmen Glasseide (E-Glas) nach Einbettung in 5%iger H_2SO_4 bei 80 °C

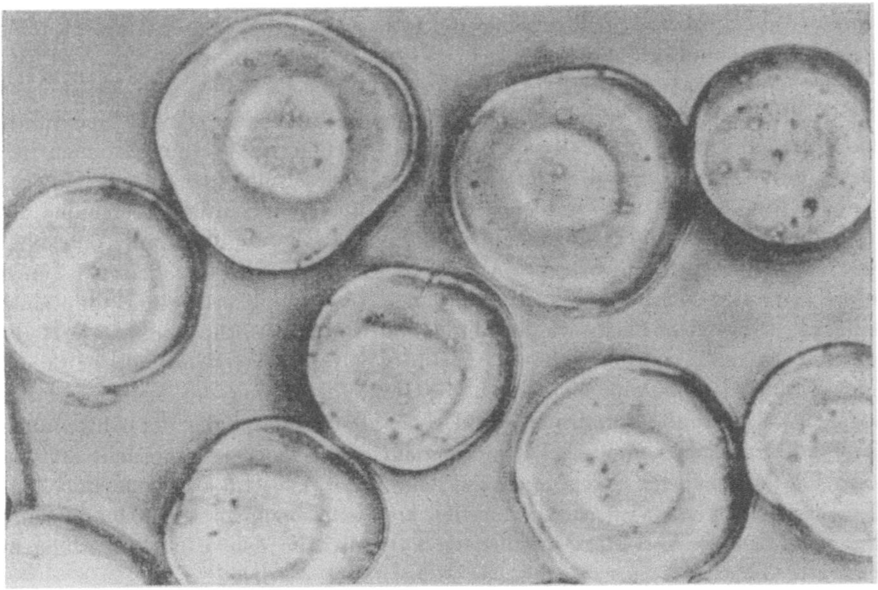

Abb. 21a

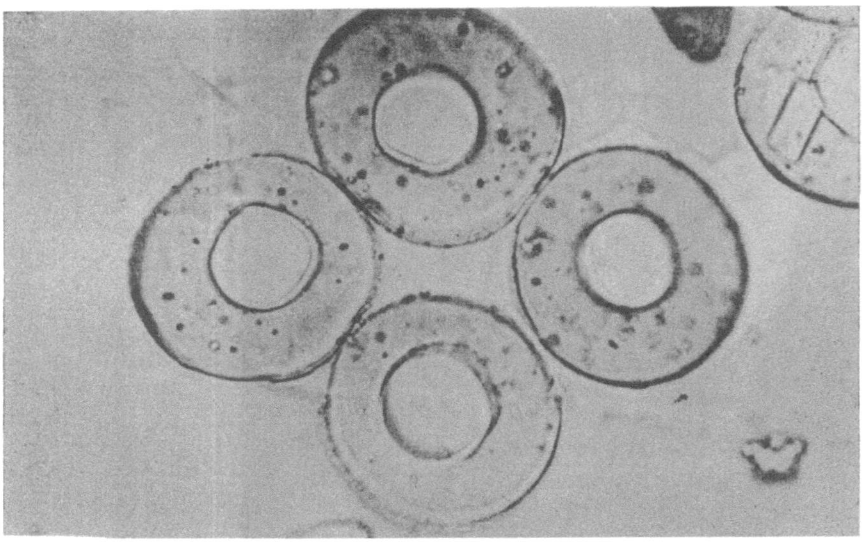

Abb. 21b

Abb. 21 Querschnitt von mit Akrylamid gepfropfter Polyamidseide
a) in Wasser
b) in erwärmter Chlorzinkjodlösung (nicht modifizierter Faserkern aufgelöst, zurück bleibt der gequollene modifizierte Fasermantel)

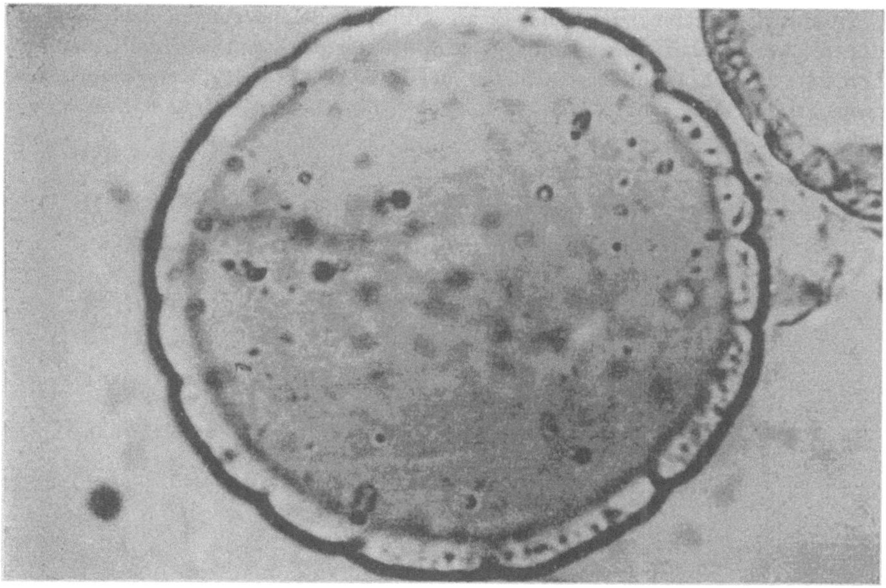

Abb. 22 Querschnitt von mit Akrylamid gepfropfter Polyamidseide in erwärmter Chlorzinkjodlösung, Vorbestrahlungsmethode, Pfropfung in der Küvette (durch die Inhibitorwirkung des Luftsauerstoffes, der besonders in der Randzone wirksam werden kann, ergibt sich dort ein verminderter Pfropfgrad gegenüber der übrigen Faser)

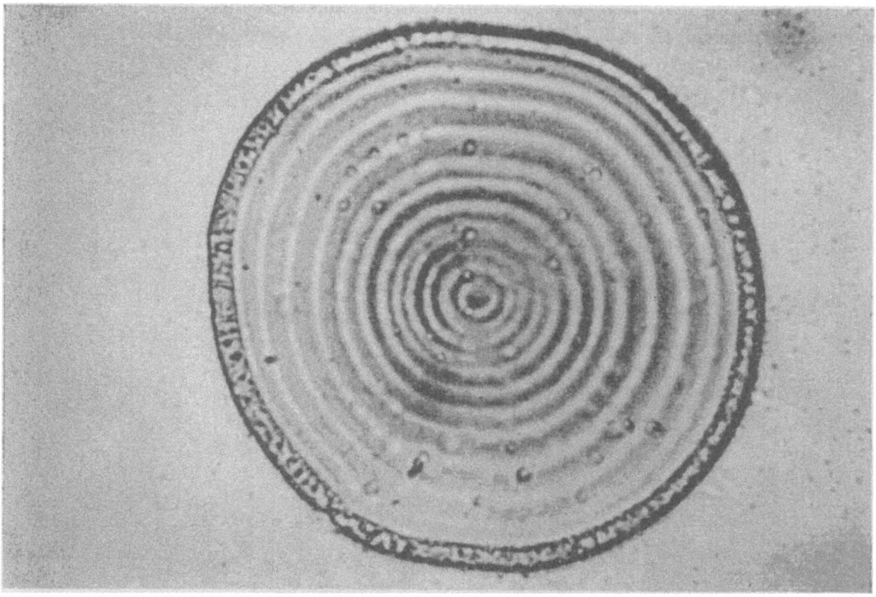

Abb. 23 Querschnitt von mit Akrylamid gepfropfter Polyamidseide in erwärmter Chlorzinkjodlösung, Vorbestrahlungsmethode, Pfropfung auf dem Jigger (durch wiederholten Wechsel von Luftsauerstoff- und Monomereinwirkung bedingte konzentrische Schichten mit differenziertem Pfropfgrad)

Pfropfungleichmäßigkeiten, die durch Diffusionsbehinderungen bedingt sein können, werden bei derartigen Querschnittsuntersuchungen ebenfalls deutlich (Abb. 24): an nicht modifizierten Stellen der Randzone strömt die stark quellende Kernsubstanz heraus.

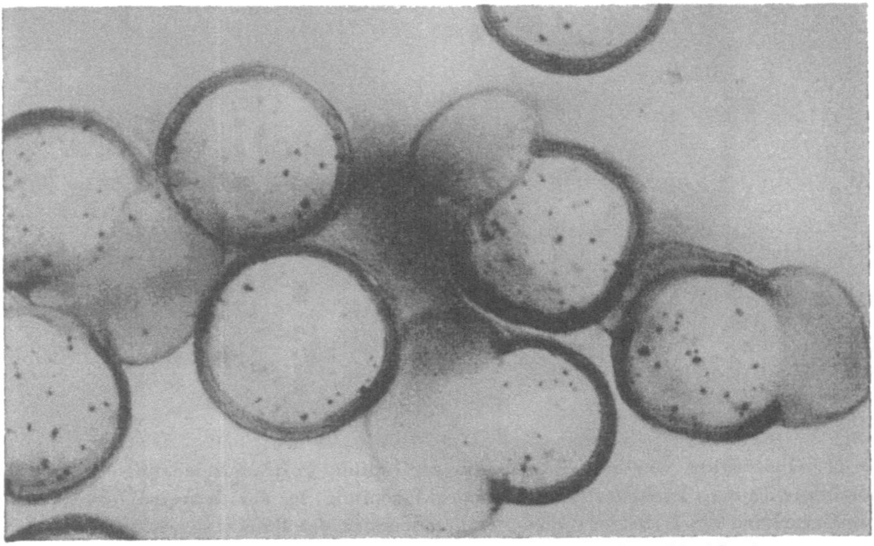

Abb. 24 Querschnitte von mit Akrylamid gepfropfter Polyamidseide in erwärmter Chlorzinkjodlösung (Nachweis von Pfropfungleichmäßigkeiten bei im Flächengebilde gepfropftem Material)

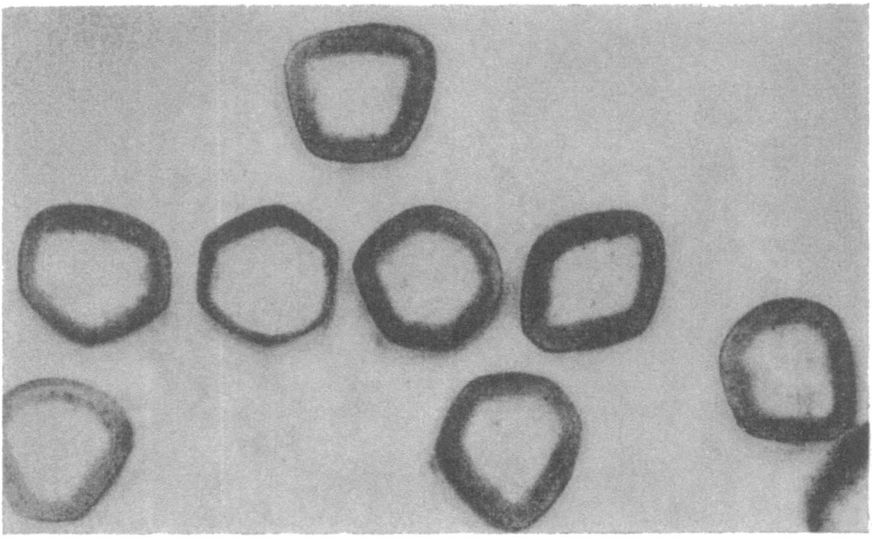

Abb. 25a

Die folgenden Bilder 25 a—c zeigen strahlenchemisch modifizierte Polyesterfasern, deren modifizierte Zonen gefärbt sind. Derartige Querschnittsuntersuchungen sind auch quantitativ auswertbar.

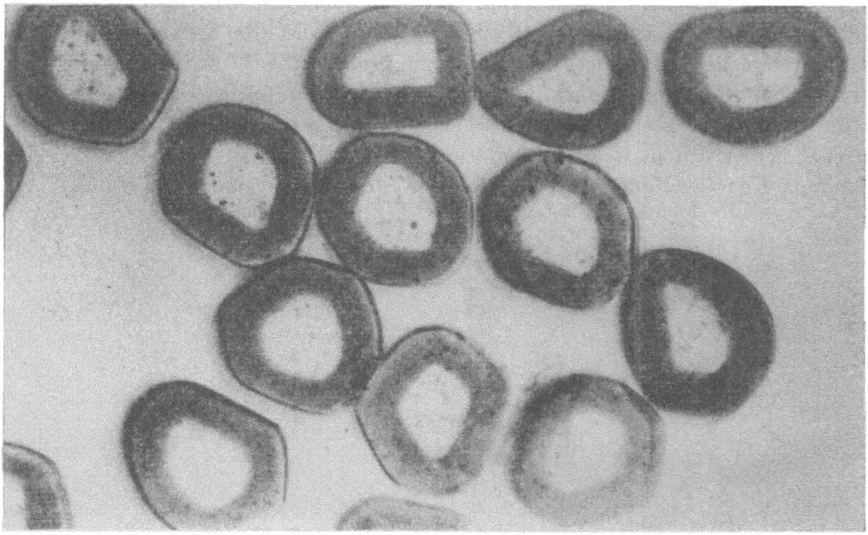

Abb. 25b

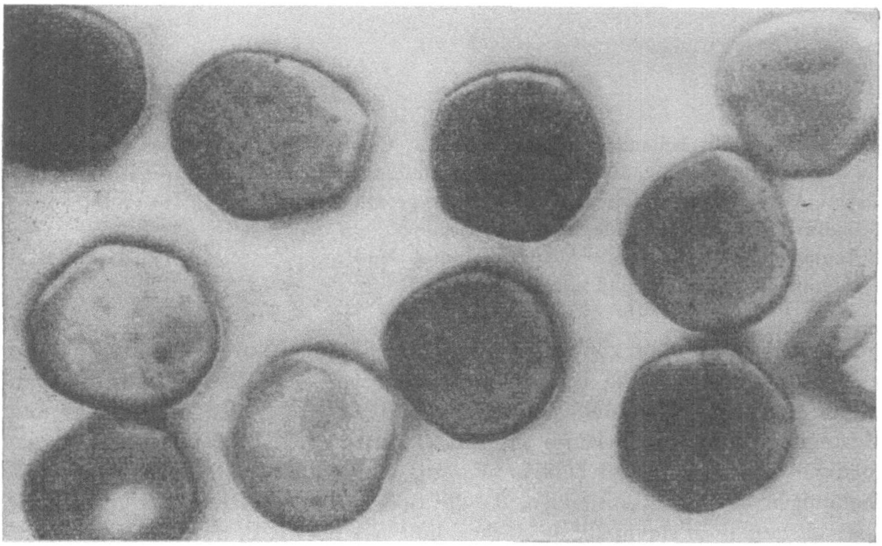

Abb. 25c

Abb. 25 Querschnitte mit Akrylsäure gepfropfter Polyesterseide (durch Anfärbung wird die modifizierte Fasersubstanz sichtbar)

Quantitative Untersuchungen

Quellungsuntersuchungen an Baumwolle haben bekanntlich dazu beigetragen, deren Aufbau bezüglich Primärwand, Sekundärwand mit den S_1-, S_2- und S_3-Schichten sowie Tertiärwand zu präzisieren. Danach ist die S_1-Schicht (auch als Übergangslamelle bezeichnet) infolge ihres grobfibrilligen Aufbaus und ihrer schraubenbandförmigen Anordnung gegenüber Quellmitteleinwirkung resistenter als die darunter liegenden Zelluloseschichten. Nach verschiedenen Alkalibehandlungen ergeben sich in Chlorzinkjodlösung nach A. BARGASH Veränderungen der bekannten Kugelquellung (Abb. 26), die insbesondere bei einer Abkochung unter

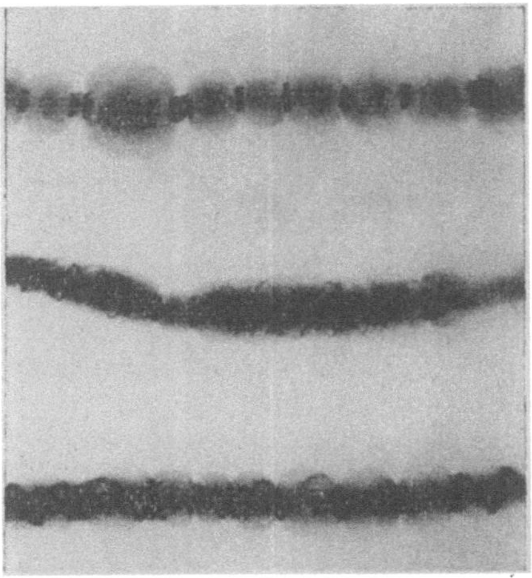

Abb. 26 Alkalisch behandelte Baumwolle in Chlorzinkjodlösung nach A. BARGASH (die S 1-Schicht, die für die Kugelbauchquellung verantwortlich ist, wird erst durch stärkere Alkalibehandlung. insbes. unter Druck, geschädigt)
a) Baumwolle nach milder alkalischer Abkochung
b) Baumwolle nach alkalischer Abkochung unter Druck
c) Baumwolle, abgekocht und merzerisiert

Druck beträchtlich sein können. Verwendet man für derartige Untersuchungen des Quellverhaltens kurze Baumwollabschnitte von etwa 200 µm Länge, dann kommt es entsprechend dem Schädigungsgrad zu unterschiedlichen Quell- und Schrumpferscheinungen, wie sie in Abb. 27 schematisch dargestellt sind. Ungeschädigte oder wenig geschädigte Fasern schrumpfen stark mit Pilzkopferscheinungen an den Schnittenden, da die S_1-Schicht dem Druck der quellenden Fasersubstanz noch standhält. Je stärker die Faser aber z. B. durch Bleichbehandlungen geschädigt ist, um so geringer sind Pilzkopfbildung und Schrumpferscheinungen, da insbes. die S_1-Schicht in Mitleidenschaft gezogen ist.

Die Zeit bis zum Erreichen der Endstufe dieses Quell- bzw. Schrumpfvorganges

Abb. 27 Schematische Darstellung der Endzustände für die Zeitmessung beim Schädigungsnachweis durch Quellung von Baumwolle in Chlorzinkjodlösung nach A. Bargash

kann für quantitative Aussagen genutzt werden. Auf diese Weise konnte von A. Bargash [13] z. B. bei steigendem Aktivchlorgehalt von Bleichflotten ein enger Zusammenhang zwischen DP-Grad- und Quellzeitabfall nachgewiesen werden (Abb. 28). Damit ergibt sich für Bleichereien eine Schnellprüfmethode, die gegebenenfalls die zeitaufwendige DP-Grad-Bestimmung entlasten kann. Das Verfahren ist auch geeignet, um Schädigungen durch mechanische, Temperatur-, Licht- und γ-Strahleneinwirkung (^{60}Co) nachzuweisen [13]. Wie Abb. 29 erkennen läßt, ist die schädigende Wirkung energiereicher Strahlen bei chemisch vorbehandelten Proben intensiver, da vor der Bestrahlung bereits Strukturauflockerungen vorliegen.

Es lag nahe, auch die Geschwindigkeit der Scheinlumenumsetzung für quantitative Aussagen zu nutzen, zumal sich bei exakter Versuchsdurchführung die Zeitschwankungen der Quellungsumsetzung in statistisch annehmbaren Grenzen befinden. Durch derartige Mikroquellzeitmessungen wird der Verfahrenstechnologe in die Lage versetzt, Beschaffenheitsunterschiede zwischen Faserstoffen z. B. verschiedener Chargen oder auch Lieferungen aus verschiedenen Betrieben zu erkennen. Hinzu kommt die Nachweisbarkeit von Beschaffenheitsveränderungen in den verschiedenen Verarbeitungsstufen durch chemische und physikalische Beanspruchungen verschiedenster Art.

Bei der Zeitmessung vom Benetzen der Faser mit dem Quellmittel bis zum Verschwinden des Scheinlumens werden die Veränderungen insbesondere in den

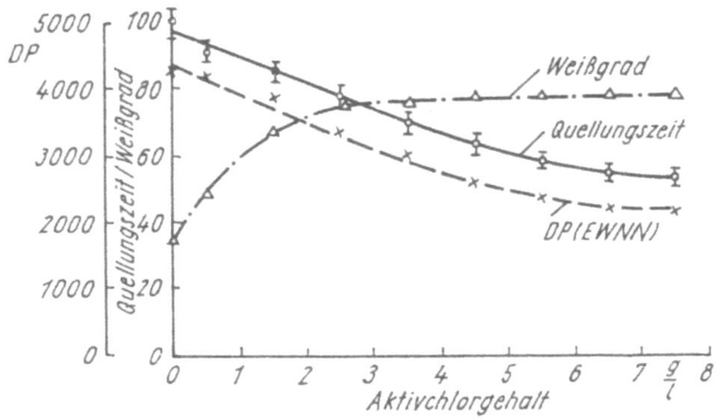

Abb. 28 Schädigungsnachweis an gebleichter Baumwolle

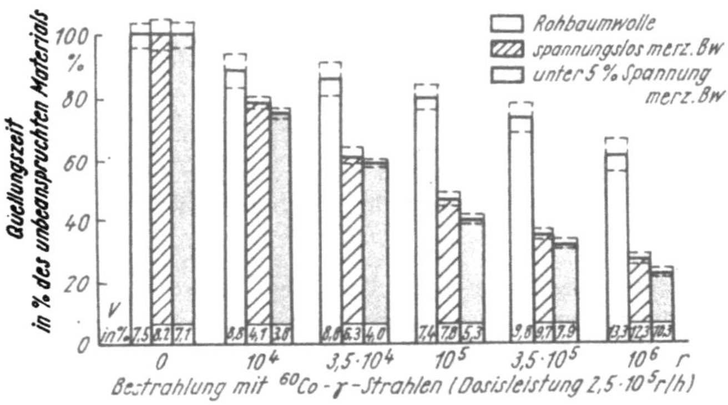

Abb. 29 Schädigungsnachweis an bestrahlter roher und merzerisierter Baumwolle

nichtkristallinen Bereichen erfaßt, die sich auf die Diffusionsgeschwindigkeit des Quellmittels auswirken. Somit ist also eine Verminderung der Quellzeit zu erwarten, wenn sich der Anteil an Bereichen niedriger Ordnung erhöht (Abnahme des Kristallinitätsgrades), wenn das Porenvolumen in den ungeordneten Bereichen zunimmt oder wenn eine Abnahme der Orientierung und damit eine Verminderung der Zahl und der Bindungsenergie der Nebenvalenzbindungen zu verzeichnen ist [14].

Ein analoges Vorgehen gestattet die Mikrolösezeitmessung. Ist die Geschwindigkeit der Aufspaltung der Nebenvalenzbindungen gering gegenüber der Diffusionsgeschwindigkeit der Flüssigkeit, so erfolgt zunächst Quellung der Faser, der sich allmählich Auflösung anschließt. Bei aggressiveren Lösemitteln wird die Faser sofort von außen her fortschreitend aufgelöst. Je stärker die Lösekraft ist, um so weniger werden kleinere Unterschiede differenziert erfaßbar. Bei Verwendung von Lösemitteln mit höherer Lösekraft werden also Abnahme des Kristallinitätsgrades, Auftreten von Störstellen in den kristallinen Bereichen und damit Abnahme der

Größe der kristallinen Bereiche sowie Verminderung der Kettenlänge durch Verkürzung der Lösezeit angezeigt, während die vorher genannten Veränderungen in den nichtkristallinen Bereichen überhaupt nicht erfaßt werden. [14].

Damit wird klar, daß von ein und derselben Faserstoffprobe Mikroquell- und Mikrolösezeit nicht gleichartige Aussagen bringen müssen; Mikroquellzeitmessungen sind besser geeignet, Veränderungen in den wenig geordneten Bereichen nachzuweisen, während Mikrolösezeitmessungen Aufschluß über Veränderungen in den besser geordneten Bereichen geben und daher in der Dichteänderung eine recht gute Parallele haben. Die nächsten Beispiele sollen die unterschiedliche Aussagefähigkeit von Mikroquell- und Mikrolösezeitmessungen näher demonstrieren.

In Abb. 30 wird ein Beispiel [2] gezeigt, bei dem neuseeländische Wollfasern verschiedenen Fabrikationsstufen (roh, gewaschen, Krempelband, Vorstreckenband, Kämmaschinenband, Topfstreckenband, Kammzug) entnommen wurden. Zusätzlich wurden die Muster der einzelnen Fabrikationsstufen auf einem Faserfestigkeitsprüfer um 30 und 60% der Bruchdehnung gedehnt, wobei ein weiteres Absinken der Werte eintritt. Die Abbildung läßt erkennen, daß die Quellungsmethode wesentlich stärker differenziert als die Auflösungsmethode, was auf die stärkere Schädigung der Bereiche geringer Ordnung hinweist.

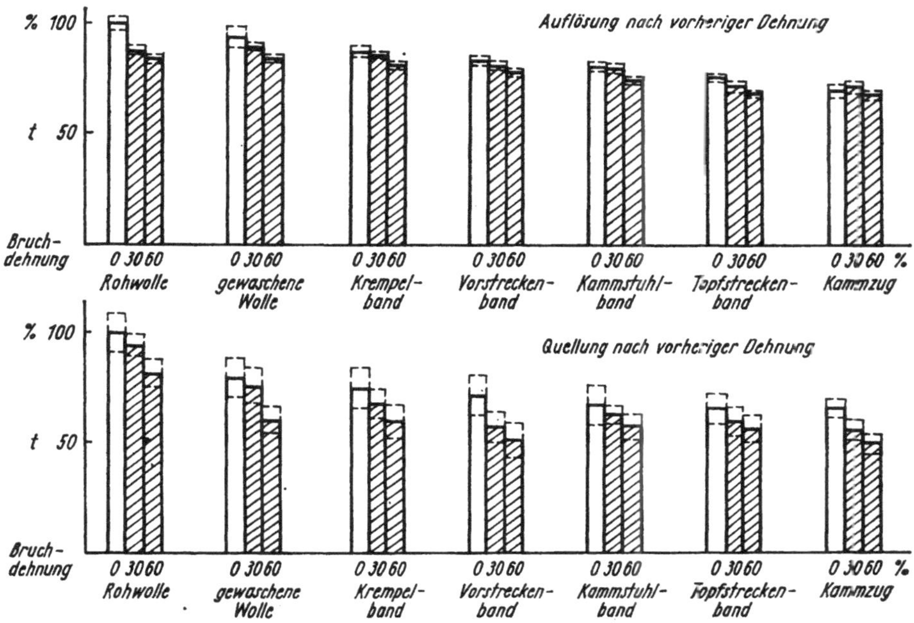

Abb. 30 Nachweis mechanischer Schädigungen von Schafwolle: Quellung in 90%iger H_2SO_4, 75 °C
Lösung in 90%iger H_2SO_4, 125—130 °C (Thermostat und Mikroheiztisch mit Glyzerinfüllung)

Eine entsprechende Aussage bringen die Meßergebnisse über die Wirkung einer Dehnungsbeanspruchung an verschiedenen Viskosefaserstoffen, die in Abb. 31 zusammengefaßt sind. Der stärkere Abfall der Quellzeit mit zunehmender Beanspruchungsintensität im Vergleich zu den Lösezeiten zeigt, daß die beim Ausrichten der Molekülketten in die Beanspruchungsrichtung beim Normalklima sich ergebenden Gefügestörungen fast ausschließlich in den weniger geordneten Bereichen zeigen. Außerdem treten diese Störungen bei dem HWM-Typ DURAFLOX infolge fehlender Fibrillarstruktur und geringerer Orientierung stärker in Erscheinung als bei der Polynosefaser POLYCOT [14].

Dagegen kommt es durch Quetschbeanspruchungen zu gleichsinnigen Strukturstörungen in den weniger und in den höher geordneten Bereichen (Abb. 32): die auftretenden Scherkräfte führen zu einem Abgleiten von Molekülketten oder von Molekülgruppierungen an Störstellen im strukturellen Gefüge, wobei man wegen

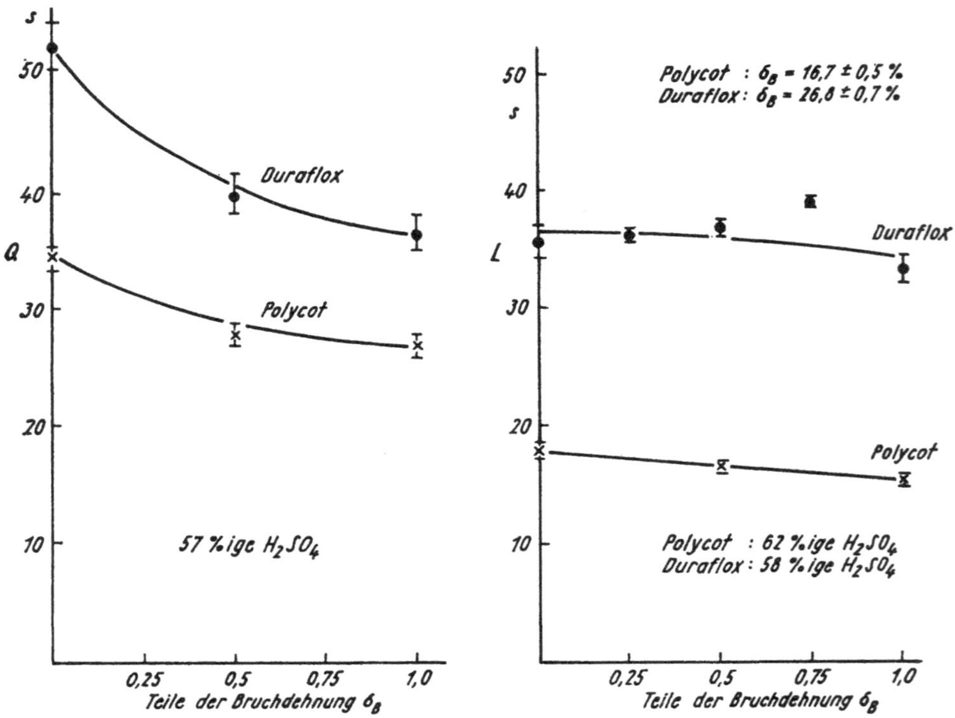

Abb. 31 Nachweis mechanischer Schädigung durch Dehnen an modifizierten Viskosefasern
Quellung in 57%iger H_2SO_4
Lösung in 58%iger H_2SO_4: HMW-Faser DURAFLOX
Lösung in 62%iger H_2SO_4: Polynosic-Faser POLYCOT

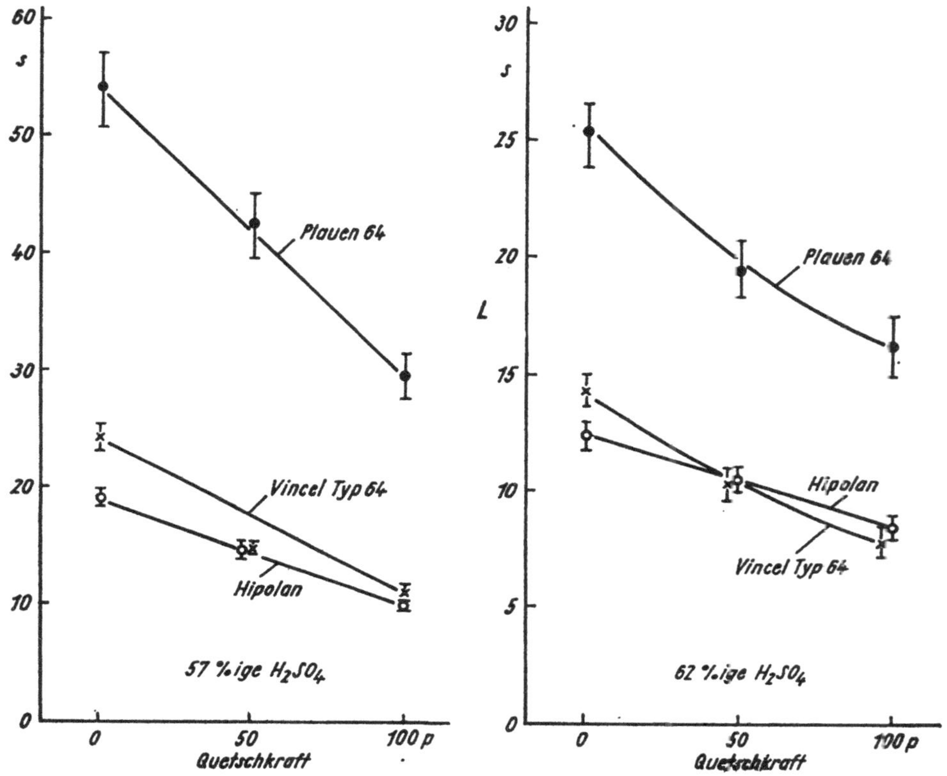

Abb. 32 Nachweis chemischer Schädigung durch NaOH-Behandlung an modifizierten Viskosefaserstoffen
Quellung in 57%iger H_2SO_4
Lösung in 62%iger H_2SO_4: POLYCOT, HOCHMODUL 333
Lösung in 64%iger H_2SO_4: PHRYON

des Abfalls der Mikrolösezeit auf eine Verkleinerung der geordneten Bereiche und wegen des Abfalls der Mikroquellzeit auf eine Desorientierung der Molekülketten in den Bereichen geringer Ordnung schließen kann [14]. Die unterschiedliche Wirkung von alkalischen Behandlungen auf Bereiche geringer und höherer Ordnung verschiedener Viskosefaserstofftypen kommt ebenfalls in den deutlichen Unterschieden der Mikroquell- und Mikrolösezeitänderungen anschaulich zum Ausdruck (Abb. 33) [14].

Sowohl die Mikroquellzeit- als auch die Mikrolösezeitmethode eignen sich sehr gut zum Nachweis der Fixierintensität und ggf. auch der Fixierart, was vor allem für Polyamid-, Polyester- und Polyakrylnitril-Faserstoffe gilt. Dabei ist z. B. festzustellen, daß Polyamide mittels Sattdampf, Polyester hingegen mittels Heißluft maximal fixiert werden. An Polyamidfasern (Abb. 34) ist der Unterschied im

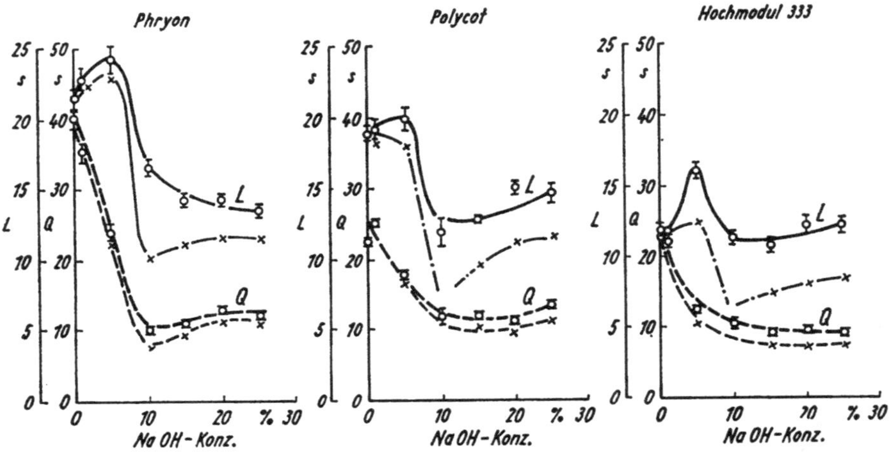

Abb. 33 Nachweis mechanischer Schädigung durch Quetschbeanspruchung an modifizierten Viskosefasern
Quellung in 57%iger H_2SO_4
Lösung in 62%iger H_2SO_4
(schwach gezeichnete Kurven: feinheitskorrigierte Werte)

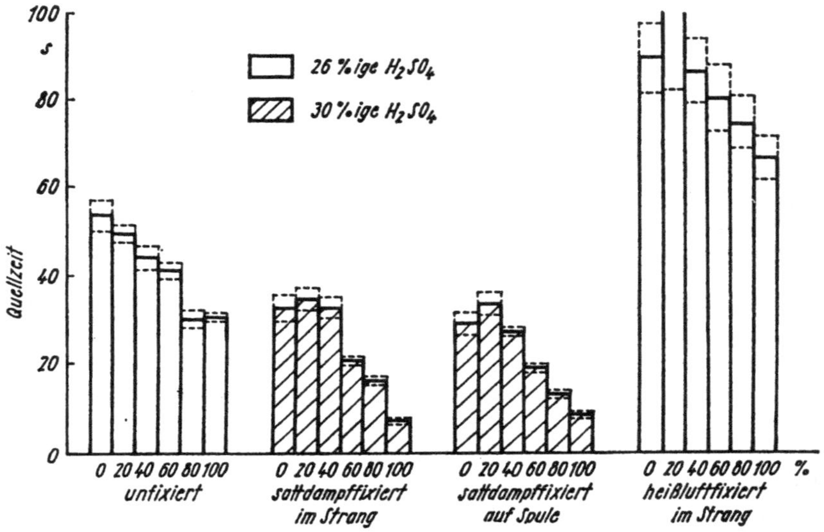

Abb. 34 Fixiergraduntersuchungen an Polyamidfasern (zusätzlich: Einfluß von Dehnungsbeanspruchungen)
Quellung in 26%iger H_2SO_4: Heißluftfixierung
Quellung in 30%iger H_2SO_4: Sattdampffixierung

Quell- bzw. Löseverhalten zwischen Heißluft- und Sattdampffixierung so groß, daß für sattdampffixiertes Material höherkonzentrierte H_2SO_4 Verwendung findet [15]. Die Ursache für dieses Verhalten ist darin zu sehen, daß Wassermoleküle in den Faserkörper eindringen und als molekulares Schmiermittel den Fixiervorgang intensivieren. Abb. 35 zeigt analoge Versuche für Polyesterfasern [16]; hier ist die Heißluftfixierung am wirksamsten, da die Wassermoleküle als molekulares Schmiermitel bei der Sattdampffixierung nicht wirksam werden können. Im gleichen Bild ist zu erkennen, daß vorangegangene Dehnungsbeanspruchungen die Struktur auflockern und damit den Quell- und Löseprozeß beschleunigen.

Von V. Lindtner und F. Beravas [17] wurde im gleichen Sinn die Fixiergradprüfung an PA-6-Faserstoffen (Monofil 20 den, Polyfil 3 den) mittels in 1,2-Dichlorbenzol gelöstem Phenol (7,5- bzw. 4Vol-%ige Lösung) durchgeführt und mit der Methode der kritischen Lösetemperatur (KLT_{28}) nach K. Schwertassek verglichen. Die genannten Autoren kamen zu der Feststellung, daß die mikroskopische Methode eine höhere Genauigkeit der Meßergebnisse gewährleistet als die KLT_{28}-Methode, die jedoch apparativ bedeutend einfacher ist.

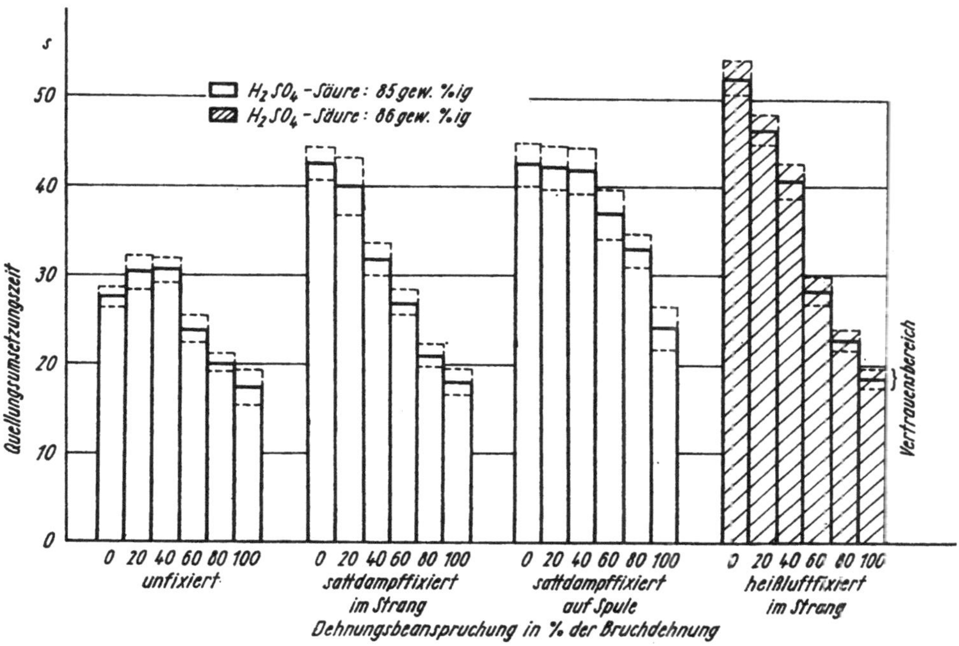

Abb. 35 Fixierungsuntersuchungen an Polyesterfasern (zusätzlich: Einfluß von Dehnungsbeanspruchungen)
Lösung in 85%iger H_2SO_4: Sattdampffixierung
Lösung in 86%iger H_2SO_4: Heißluftfixierung

Für die Veredlungstechnologen ist es besonders wichtig, die Gleichmäßigkeit einer Fixierbehandlung über der Gewebebreite und -länge erfassen zu können. In Abb. 36 wird gezeigt, an welchen Stellen über der Warenbreite von 135 cm für Quellzeituntersuchungen Proben entnommen wurden. Das Untersuchungsergebnis zeigt, daß offensichtlich am rechten Rand der Ware die Temperatureinwirkung nicht ausreichend war [18].

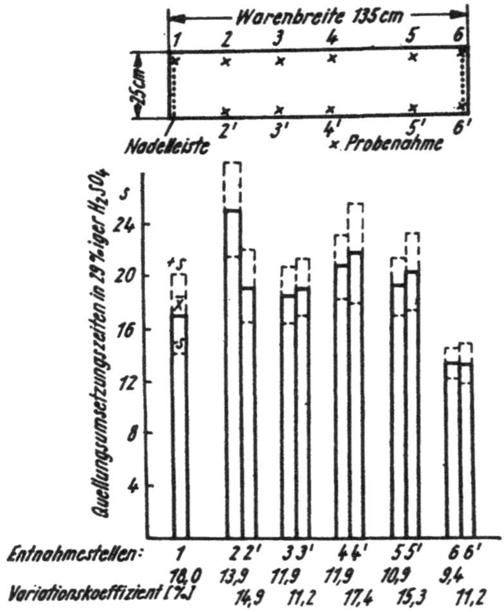

Abb. 36 Untersuchung der Fixiergleichmäßigkeit an heißluftfixiertem Polyamidseidengewebe mittels Mikroquellzeitmessung in verd. Schwefelsäure

Zuvor hatte ich bereits darauf hingewiesen, daß die Veränderungen der Mikrolösezeiten recht gut mit den Dichteänderungen dieser Faserstoffe korrespondieren. Bei der Thermofixierung von Triazetatseide (ARNEL 11 tex) ist der Einfluß von Fixierzeit und Fixiertemperatur auf die Mikrolösezeit in 66%iger H_2SO_4 (40 °C) gemäß Abb. 37 beträchtlich. Dichtemessungen nach der Schwebemethode an den gleichen Proben ergaben, daß hier bereits nach kurzen Fixierzeiten deutliche Dichtezunahmen auftreten, was auf Kristallisationserscheinungen schließen läßt. Das langsamere Reagieren der Mikrolösezeit könnte darauf zurückzuführen sein, daß zwar strukturelle Umlagerungen relativ schnell eintreten, die Ausbildung kompakter, gutgeordneter Bereiche mit stabilen Nebenvalenzbindungen jedoch langsamer, d. h. erst bei höheren Fixierzeiten merkbar einsetzt. Außerdem wird deutlich, daß eine Fixiertemperatur von 150 °C auch bei langen Fixierzeiten nicht ausreicht, das Gefüge genügend zu stabilisieren.

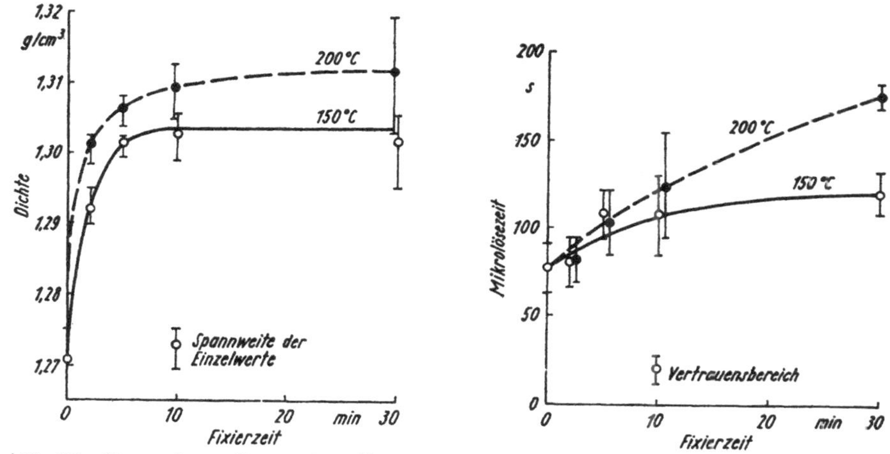

Abb. 37 Gegenüberstellung der Änderung der Dichte und der Mikrolösezeit in 66%iger H_2SO_4 von unterschiedlich thermisch behandelter Triazetatseide ARNEL

Auch bei der Untersuchung der Veränderungen der stukturellen Beschaffenheit von Polyester-Hochschrumpffasern im Zusammenhang mit dem Schrumpfprozeß wurden in Abhängigkeit von der Schrumpftemperatur übereinstimmende Aussagen aus Mikrolösezeitmessungen und Dichtemessungen (Abb. 38) abgeleitet [19]. Dabei braucht sicher nicht besonders betont zu werden, daß der Zeitaufwand für die Mikrolösezeitbestimmung geringer ist als für die Dichtebestimmung, wobei die Unsicherheiten bei der Mikrolösemethode geringer sind.

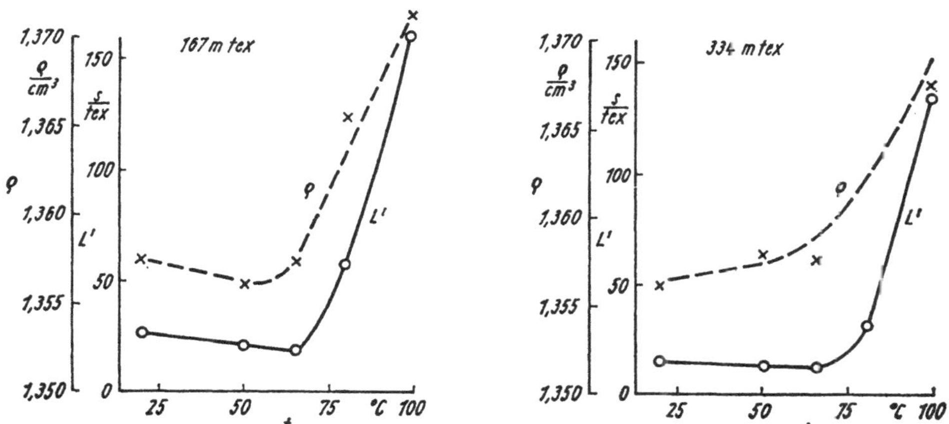

Abb. 38 Gegenüberstellung der Änderung der Dichte und der Mikrolösezeit (feinheitsbezogen) von Polyester-Schrumpffasern in Abhängigkeit von der Temperatur einer Heißwasserschrumpfbehandlung

An Polyakrylnitrilfasern ergab sich (Abb. 39), daß je nach Typ einerseits sehr unterschiedliche Lösezeiten festzustellen sind und andererseits in einigen Fällen die Sattdampffixierung wesentlich wirksamer als die Heißluftfixierung ist, dagegen bei anderen Fasertypen praktisch kein Unterschied besteht [20].

Auch für Polyesterfasern unterschiedlicher Herkunft (Abb. 40) wurden beträchtliche Unterschiede in den Lösezeiten beobachtet [16]. Derartige Kenntnisse sind für alle Veredlungsoperationen bedeutsam.

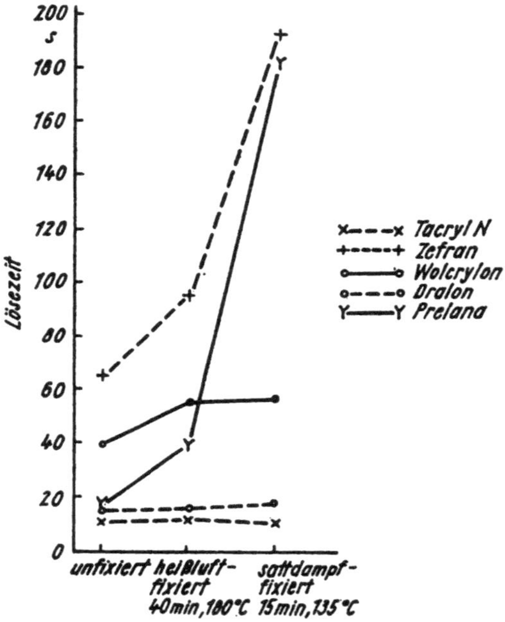

Abb. 39 Fixiergradprüfung an Polyakrylnitrilfasern unterschiedlicher Herkunft
Lösung in 56%iger Salpetersäure

Daß es durch den Einfluß energiereicher Strahlen auf Polyamidfaserstoffe nicht ausschließlich zu Molekülkettenabbau kommen muß, sondern bei geeigneten Arbeitsbedingungen auch Vernetzungen zu erreichen sind, konnte A. Heger [7] durch Mikroquellzeitmessungen an Polyamidmonofilen nachweisen. Monofile haben eine geringere spezifische Oberfläche als Fasern, so daß die nachteilige Wirkung des Luftsauerstoffes im Vergleich zu Fasern oder Polyfilseiden etwas geringer ist. Darüber hinaus zeigt sich ein deutlicher Einfluß der Dosisleistung auf den Grad der Vernetzung: bei höherer Dosisleistung, also jeweils geringerer Bestrahlungszeit bei einer vorgegebenen Gesamtdosis ist die Sauerstoffwirksamkeit zurückgedängt, da der Sauerstoff nicht schnell genug in die Faser nachdiffundieren kann; somit sind günstigere Voraussetzungen für Vernetzungserscheinungen

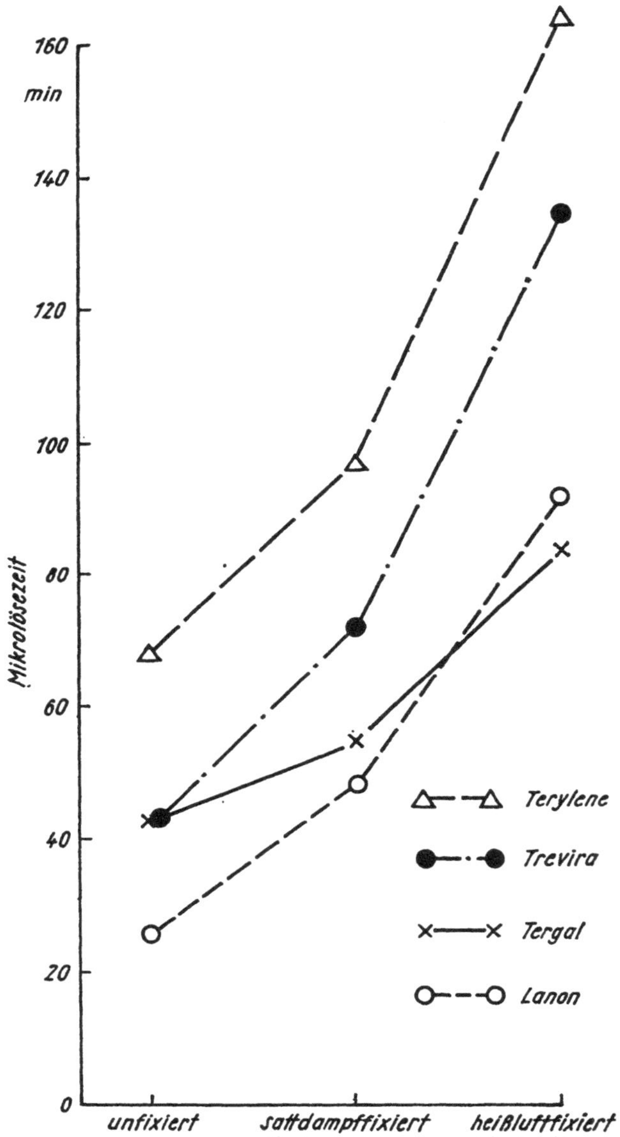

Abb. 40 Fixiergradprüfung an Polyesterseide unterschiedlicher Herkunft
Lösung in 86%iger Schwefelsäure

gegeben, die eine Verminderung der Quellmitteldiffusionsgeschwindigkeit bedingen. Das in Abb. 41 gezeigte Diagramm veranschaulicht die Überlagerung von zunehmendem Abbau mit steigender Bestrahlungsdosis einerseits und zunehmender Vernetzung mit steigender Dosisleistung andererseits.

Mikroskopische Untersuchungen an in Dischwefeldichloridlösungen vernetzten Polyamidfasern führten T. T. STRASNOVA u. a. [21] durch und stellten auf Grund der morphologischen Besonderheiten bei Einbettung in 27%ige Schwefelsäure ein topographisches Schema der Quervernetzung auf. Der wesentlich stärker vernetzte äußere Teil des Fadens ging zunächst nicht in Lösung.

Es wurde auch die Beeinflussung der Umsetzungszeiten durch die Massezunahme bei Pfropfkopolymerisationen analysiert. A. MALLY [22] wies auf Grund von Untersuchungen an mit Akrylnitril chemisch gepfropften Viskosefasern nach

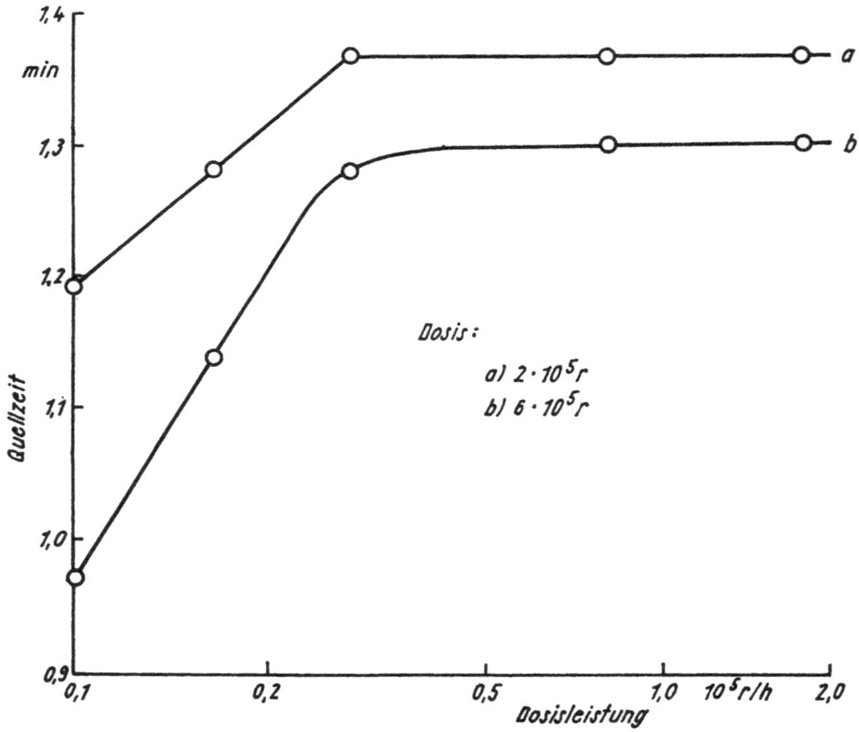

Abb. 41 Quellungszeit von bestrahlter DEDERON-Monofilseide in 29%iger Schwefelsäure (40 °C) in Abhängigkeit von der angewendeten Dosisleistung für zwei verschiedene Dosen
(Einfluß des Abbaus: mit zunehmender Gesamtdosis ist die Quellzeit geringer
Einfluß der Vernetzung: mit zunehmender Dosisleistung steigen die Kurven an; ab einer bestimmten Dosisleistung ist eine weitere Steigerung derselben ohne Effekt)

(Abb. 42), daß nicht nur die durch das Pfropfen bedingte Massezunahme, sondern auch die Anordnungsverhältnisse für den Anstieg der Lösezeiten maßgebend sind. Während bei den ungepfropften Fasern die Mikrolösezeit durch das Löseverhalten der Bereiche höherer Ordnung bestimmt wird, gewinnen bei den modifizierten Fasern die Bereiche niederer Ordnung zunehmend Einfluß auf die Lösezeit, da in diesen Bereichen vorzugsweise die Einlagerung des Modifizierungsmittels zu erwarten ist. Bei hohen Pfropfgraden zeigt sich ein relativ steiler Anstieg der Lösezeiten, was durch die Bildung sehr langer Pfropfketten bedingt sein kann. Lange solvatisierte Kettenmoleküle diffundieren langsamer in die Lösung und behindern das Eindringen des Lösemittels in die Faser.

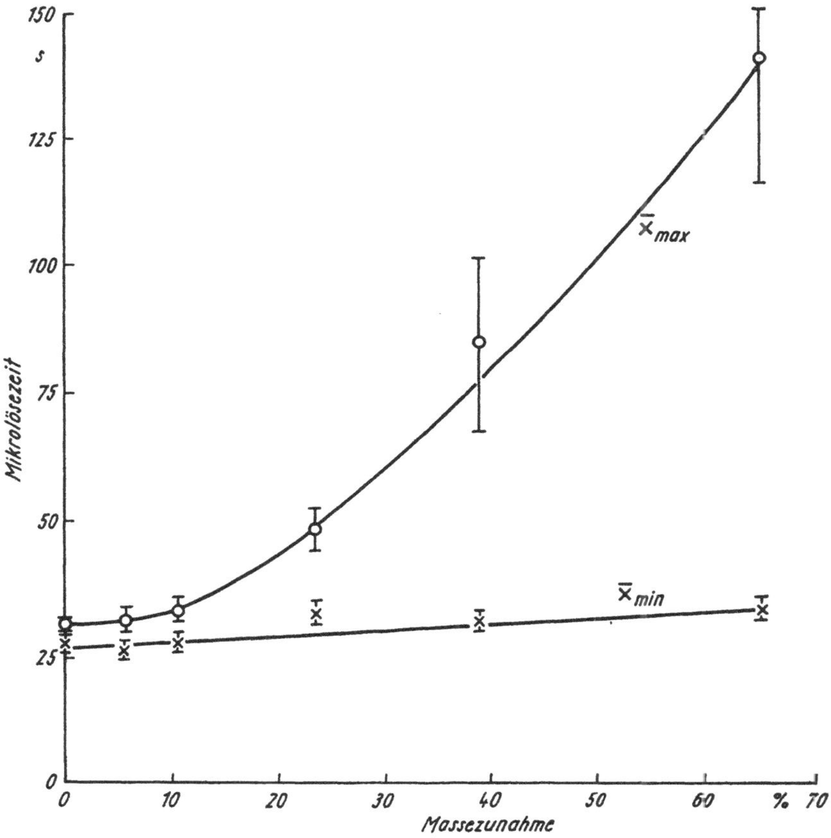

Abb. 42 Mikrolösezeit in 80%iger H_2SO_4 von in Gewebeform mit Akrylnitril gepfropften Viskosefasern in Abhängigkeit von der Massezunahme, chemische Initiierung (durch Behinderung des Initiator- und Monomerenzutritts beim Pfropfen in Gewebeform treten jeweils stark ($\bar{x}_{max}$) und schwach ($\bar{x}_{min}$) gepfropfte Stellen in einer Faser auf)

Ähnliche Verhältnisse traten auch beim Lösen von gepfropften Polyesterfasern auf (Abb. 43), wo ebenfalls ab Massezunahmen von 10% die Lösezeiten stark anstiegen, und zwar weitgehend unabhängig davon, ob die erhöhte Massezunahme durch Verlängerung der Pfropfdauer, durch Steigerung der Monomerenkonzentration oder durch Erhöhung der Bestrahlungsdosis erreicht wurde. [23] Im Falle der Pfropfung von Viskosefasern mit Divinylbenzol [24] ging bei etwa 10% Massezunahme die Lösung — also unbegrenzte Quellung — sogar in eine begrenzte Quellung über.

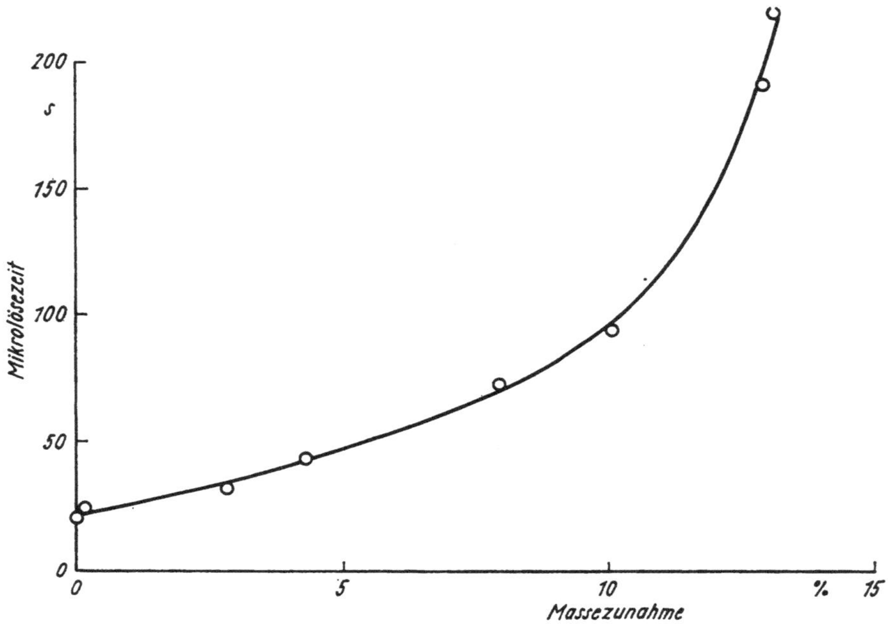

Abb. 43 Mikrolösezeit in Phenol (90 °C) von mit Akrylsäure gepfropfter Polyesterseide in Abhängigkeit von der Massezunahme (Vorbestrahlungsmethode)

Schlußbemerkungen

Abschließend läßt sich einschätzen, daß die Faserstoffmikroskopie in Verbindung mit Quell- und Lösereaktionen — also als dynamische Textilmikroskopie betrieben — heute und in der Zukunft ihre Bedeutung neben anderen Untersuchungsmethoden zur Beschaffenheitsanalyse der Faserstoffe behauptet hat und weiter behaupten wird. Gerade die lichtmikroskopische Betrachtung ermöglicht es, relativ rasch einen anschaulichen Überblick über den Faserbau oder eingetretene Veränderungen durch spezielle Veredlungsbehandlungen oder sonstige Beanspruchungen zu erhalten; nicht selten sind wir gerade durch bestimmte Erscheinungen im mikroskopischen Bild auf Besonderheiten aufmerksam geworden und haben daraus Aufgabenstellungen für systematische elektronenmikroskopische Untersuchungen oder technologische Varianten abgeleitet.

Dabei stellten quantitative Methoden wie Mikroquell- bzw Mikrolösezeitmessung eine wertvolle Ergänzung dar, weil man sich sehr rasch ein Bild über Intensität und Gleichmäßigkeit bestimmter Behandlungen und Effekte verschaffen kann.

Wie bei vielen physiko-chemischen Prüfmethoden muß man dabei allerdings den Nachteil in Kauf nehmen, daß die Meßergebnisse physikalisch nicht eindeutig zu definieren sind. Erforderlichenfalls stehen heute aber neue wissenschaftliche Methoden bereit, die das know why der meßtechnisch benutzten stofflichen Vorgänge näher aufzuklären gestatten. Der Vorteil der beschriebenen Methoden für den Technologen ist im relativ geringen Prüfzeitaufwand, im mäßigen Geräteaufwand (Mikroskop, beheizbarer Objekttisch, Thermostat) zur Konstanthaltung der Prüfbedingungen und in einer höheren Genauigkeit der Meßergebnisse gegenüber anderen physiko-chemischen Prüfmethoden zu sehen. Allerdings gehören derartige Methoden in die Hände stoffkundiger Mikroskopiker, die unter Mitverwendung von Polarisationseinrichtungen, des Phasenkontrastverfahrens usw. noch weitere interessante Informationen erhalten können.

Literatur

[1] P.-A. Koch: Klepzigs Textil-Zeitschrift **43** (1940), S. 958—967.
[2] W. Bobeth: Deutsche Textiltechn. **15** (1965), S. 39—48 und 93—99.
[3] M. Stratmann: Ztschr. f. d. ges. Text. Ind. **71** (1969), S. 73—82, 153—162, 248—252.
M. Stratmann: Erkennen und Identifizieren der Faserstoffe. Stuttgart, Dr.-Ing. Oskar Spohr Verlag Nachf., 1973.
[4] W. Bobeth: Faserforsch. u. Textiltechnik/Zschr. Polymerforsch. (FT) **6** (1955), S. 20—25.
[5] W. Bobeth: FT **4** (1953), S. 45—55.
[6] W. Bobeth: Zschr. f. d. ges. Text. Ind. **67** (1965), S. 67—73.
[7] A. Heger: FT **17** (1966), S. 439—444.
[8] A. Heger: FT **20** (1969), S. 21—29.
[9] W. Bobeth, A. Mally, R. Lohauss: FT **22** (1971), S. 287—296.
[10] A. Mally: FT **22** (1971), S. 525—533.
[11] W. Bobeth, U. Müller: FT **7** (1956), S. 497—504.
[12] G. Wiedemann, W. Bobeth, U. Müller: FT **24** (1973), S. 395—402.
[13] W. Bobeth: FT **18** (1967), S. 213—222.
[14] A. Mally: FT **22** (1971), S. 354—361.
[15] W. Bobeth: Deutsche Textiltechn. **8** (1958), S. 371—378.

[16] W. Bobeth, A. Schöne, G. Piechottka: FT **14** (1963), S. 417—425.
[17] V. Lindtner, F. Beravas: Melliand Textilber. **51** (1970), S. 724—727.
[18] A. Clement: Großer Beleg am Inst. f. Textiltechn. der TU Dresden, 1958.
[19] I. Münch: Beleg Inst. f. Textiltechnik TU Dresden 1967.
[20] W. Bobeth, L. Vollrath: Jenaer Rundschau (Zeiss) 1962, H. 5, S. 190—196.
[21] T. T. Strasnova, N. V. Michajlov, V. I. Majboroda: Sowj. Beitr. Faserforsch. Textiltechnik **3** (1966), S. 409—412.
[22] A. Mally: FT **22** (1971), S. 604—609.
[23] M. Berndt: Diplomarbeit am Inst. f. Textiltechn. d. TU Dresden, 1974.
[24] W. Bobeth, A. Mally, J. Kulesa: FT **23** (1971), S. 35—41.

V. V. Koršak

Einige Besonderheiten der Nichtgleichgewichts-Polykondensation

Die Forschungen auf dem Polykondensationsgebiet entwickeln sich gegenwärtig in beschleunigtem Tempo. Die Produktion der durch Polykondensationsmethoden hergestellten Polymere wächst an. Rasche Entwicklung der Untersuchungen an der Synthese von Polymeren durch Polykondensationsmethoden führte zu neuen Reaktionen der Herstellung von Polymeren, ließ den Mechanismus der Polykondensationsprozesse erkennen und bereicherte die Rüstkammer der Wissenschaft mit mehreren neuen Polymeren.

Es ist das Ziel meines Berichtes, das Neue in den Polykondensationsmethoden der Polymersynthese zu zeigen. Es ist selbstverständlich ganz unmöglich, im Rahmen eines Berichtes die Entwicklung dieses riesigen Gebietes darzustellen. Darum habe ich mir die bescheidenere Aufgabe gestellt, an einigen Beispielen die Errungenschaften auf diesem Gebiet und die zur Zeit am stärksten ausgeprägten Tendenzen zu zeigen.

Einige Besonderheiten der Polykondensation

Polykondensationsprozesse unterscheiden sich wesentlich von Polymerisationsprozessen [1]. Vor allem ist die Universalität der Polykondensationsprozesse, die infolgedessen große Vielfältigkeit der dadurch erhaltenen Strukturen zu beachten. Die bei der Polymerisation gebildeten polymeren Strukturen sind nicht so vielfältig. Unter den durch Polykondensation erhaltenen Polymeren finden wir Polymere mit hoher Thermobeständigkeit, elektroleitende Polymere, physiologisch aktive Polymere usw. Obwohl sich ein kleinerer Kreis der Forscher mit der Polykondensation befaßt, kann man die Effektivität ihrer Arbeit auf dem Synthesegebiet doch recht hoch schätzen [1]. Wenn wir z. B. die in wissenschaftlichen Publikationen beschriebenen Polymerverbindungen verfolgen, stellt sich heraus, daß über 60% neuer Polymere durch Polykondensationsreaktionen und nur 40% neuer polymerer Stoffe durch Polymerisationsreaktionen gewonnen werden. Wenn man also annimmt, daß jährlich über die Synthese von etwa 50 000 neuen Polymeren berichtet wird, so sind etwa 30 000 darunter die bei der Polykondensation gewonnenen Polymere [1]. Und noch eines — ich würde sagen, das wichtigste — besteht darin, daß die Zahl einzelner Arten der chemischen Reaktionen in beiden

Prozessen sehr verschieden ist. Die Polymerisation verfügt praktisch über zwei chemische Prozesse in diesem Fall: Addition an eine Doppel- oder Dreifachbindung zwischen zwei Atomen oder Addition an Ringe. Das sind eigentlich zwei Reaktionstypen, die bei den Polymerisationsprozessen breite Anwendung finden. Was die Polykondensation angeht, so werden hier heutzutage schon Dutzende chemische Reaktionen benutzt, und die Zahl der zu dieser Synthese herangezogenen Reaktionen vergrößert sich von Jahr zu Jahr. Und so ein noch ganz neues, aber recht perspektivisches Gebiet der Polymerenchemie wie anorganische Polymere stellt fast völlig ein Gebiet der Polykondensationsanwendung dar, weil die meisten anorganischen Heterokettenpolymere durch Polykondensation hergestellt werden [2].

Dasselbe gilt für so ein wichtiges Gebiet der Polymerenchemie wie Biopolymere, die auch im wesentlichen durch Polykondensationsprozesse gewonnen werden [1].

Gleichgewichts- und Nichtgleichgewichtspolykondensation

Das Studium der Gesetzmäßigkeiten der Polykondensationsprozesse ermöglichte die Einteilung aller bekannten Polykondensationsreaktionen in zwei große Gruppen: 1) Gleichgewichts- und 2) Nichtgleichgewichtspolykondensation [3 bis 5]. Sie unterscheiden sich durch die Größe der Gleichgewichtskonstante.

Zur Gleichgewichtspolykondensation gehören Reaktionen, deren Gleichgewichtskonstante im Bereich von $K_p = 1—10^3$ liegt, und zur Nichtgleichgewichtspolykondensation zählt man Reaktionen mit $K_p = 10^3$ und höher.

Der Unterschied zwischen diesen zwei Polykondensationsprozessen zeigt sich auch in den Eigenschaften der entstehenden Polymere, dem Mechanismus der ablaufenden Reaktionen, der Natur des Katalysators und Mechanismus seiner Wirkung, der Kinetik, der Molekulargewichtsverteilung, dem Mechanismus der Copolykondensation, dem Aufbau der Copolymere usw. [4, 5].

Diese Einteilung der Polykondensationsprozesse in zwei Gruppen erleichtert deswegen das Studium einzelner Arten der Polykondensation und ermöglicht ein besseres Erkennen der Gesetzmäßigkeiten dieser Prozesse [7, 8].

Herstellung verschiedengliederiger Polymere bei den Polykondensationsprozessen

Die Polykondensationsreaktionen werden oft von Nebenumwandlungen, Isomerisation der Bausteine und anderen Reaktionen begleitet, die zur Bildung von anomalen Bausteinen im Makromolekül führen. Die anomalen Bausteine unterscheiden sich von den Grundbausteinen des Makromoleküls durch ihren Aufbau. Infolgedessen entstehen die sogenannten „verschiedengliederigen“ Polymere [9 bis 11]. Es wurde vorgeschlagen, den Aufbau solcher Polymere durch die allgemeine Formel $[(M)_m (A)_n]_x$ auszudrücken, wo M ein normaler und A ein anomaler Baustein ist. Die anomalen Bausteine beeinflussen wesentlich alle chemischen und physikalischen Eigenschaften des betreffenden Polymers. Das Studium der Bedingungen, die die Bildung anomaler Bausteine und folglich verschiedengliederiger Polymere bewirken, ist eine der wichtigsten Aufgaben der Polymersynthese, da es ohne dies unmöglich wäre, die Abhängigkeit der Polymereigenschaften von ihrem Aufbau zu verstehen und zu erklären [9 bis 11]. Die Anwesenheit der anomalen Bausteine wurde früher bei verschiedenen Klassen der durch Polykondensation erhaltenen Polymere bewiesen [10]. Darunter waren Vertreter von Polyamiden [12], Polyestern [13], Polykarbonaten [14], ungesättigten Polyestern [15], Polyarylaten [16 bis 17], Polybenzimidazolen [18], Pyrronen [19], Polyimiden [20]. In der letzten Zeit bestätigte man das Vorliegen nichtzyklisierter Strukturen bei Polybenzoxazolen [21], Polyquinoxalinen [22, 23], Polytriazinen [24], Polyamiden der Zyklobutandicarbonsäure [25], Polysulfonen [26], Polyimiden auf der Basis von Hydrazin und Pyromellitsäureanhydrid [27].

Die Anwesenheit der anomalen Bausteine bei den verschiedengliederigen Polymeren hat einen wesentlichen Einfluß auf die chemischen und physikalischen Eigenschaften, und das soll bei der Untersuchung des Zusammenhanges zwischen dem Aufbau und der Polymereigenschaften in Betracht gezogen werden [10, 11].

Kinetik der Polykondensation

Die Kinetik der Gleichgewichtspolykondensationsprozesse ist seit langem an vielen Reaktionen untersucht worden [4]. Aber auch heutzutage werden diesen Fragen gewidmete Mitteilungen veröffentlicht [28—35]. Die Kinetik der Nichtgleichgewichtspolykondensation wurde nicht so ausführlich untersucht. Aus diesem Grunde berühren wir einige diesbezügliche Arbeiten.

Eingehender wurde die Polyzyklisierung von Polyimiden untersucht, wo erfolgreich die optischen Methoden, nämlich die IR-Spektroskopie, verwendet werden konnten [36]. Kinetische Untersuchungen der Polyimidbildung konnten durchgeführt werden, wenn Diamine mit voluminösen Substituenten wie Anilinphthalein [37] oder die mit polaren Substituenten wie 4,4′-Dioxy-3,3-diaminodiphenyl [38, 39] als Ausgangsstoffe benutzt wurden. Die dabei entstehenden Polyimide sind in jeder Prozeßstufe löslich. Deshalb kann die Reaktion in einer Stufe in Lösung durchgeführt werden [37, 39].

Untersucht wurde auch die Kinetik der Synthese solcher Polymere wie Polyphenylquinoxaline [40], Polyimide [36, 41, 42], Polybenzoxazole [41], Polyoxadiazole [43, 44, 45], Polyarylate [46], Polyphenylene [47] und andere.

Mittels der Synthese von Polyarylaten wurde die Polykondensation in Lösung unter Bedingungen der akzeptor-katalytischen Polyveresterung studiert [46, 48, 49]. Es wurde gefunden, daß die Temperaturabhängigkeit der Viskosität des entstehenden Polyarylates einen ungewöhnlichen Charakter hat und durch eine Kurve mit zwei Maximal ausgedrückt wird, wie es in Abbildung 1 zu sehen ist.

Das ist auf die komplizierte Temperaturabhängigkeit der Geschwindigkeitskonstante zurückzuführen [46, 48]. Dabei stellte es sich heraus, daß der Koeffizient der Polydispersität der entstehenden Polyarylate im Bereich von 1,33—1,64 liegt [48]. Früher wurde festgestellt, daß im Falle des Polyarylates von Phenolphthalein und Terephthalsäure der Koeffizient der Polydispersität 1,38—1,72 beträgt [49].

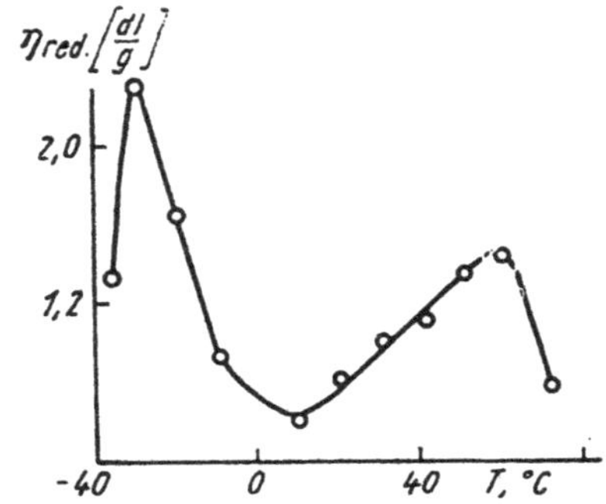

Abb. 1 Abhängigkeit der reduzierten Viscosität des Polyarylates von der Reaktionstemperatur von Terephthaloylchlorid mit 1,1-Bis-(4-Oxyphenyl)-1-äthan.

Kutschanow [50] errechnete den Einfluß des Monomerdosierungsverfahrens auf die Molekulargewichtsverteilung der bei der Nichtgleichgewichtspolykondensation erhaltenen Polymere. Er ist zum Schluß gekommen, daß der Zahlenmittelkoeffizient der Polydispersität ein Wert ist, der der Quadratwurzel der Geschwindigkeit der Monomerzugabe umgekehrt proportional ist, und daß der Koeffizient der Polydispersität auch von der Geschwindigkeit der Zugabe und dem Überschuß des Monomers abhängt.

Mechanismus der Polykondensation

Der Mechanismus verschiedener Arten der Polykondensation ist nur in einzelnen Fällen detailliert studiert worden. Das kann man dadurch erklären, daß die Elementarreaktionen selbst, die den Polykondensationsverfahren zugrunde liegen, noch ungenügend untersucht sind. Eingehender wurde der Mechanismus der Gleichgewichtspolykondensation, besonders im Falle der Synthese von Polyestern und Polyamiden, erforscht [4]. Der Mechanismus der Nichtgleichgewichtspolykondensation wurde hauptsächlich an einigen Prozessen der Nichtgleichgewichtspolykondensation in Lösung untersucht [51]. Die Untersuchung der Nichtgleichgewichtspolykondensation in Lösung mittels der akzeptor-katalytischen Polyveresterung gestattete die Annahme, daß die Reaktion sowohl nach dem Mechanismus der nucleophilen Katalyse:

$$R{-}\overset{\overset{\displaystyle O}{\|}}{C}{-}Cl + R_3'N \rightleftharpoons R{-}\overset{\overset{\displaystyle O}{\|}}{C}{-}NR_3'^{+}\ldots Cl^{-} \xrightarrow{+Ar-OH}$$

$$\longrightarrow R{-}\overset{\overset{\displaystyle O}{\|}}{C}{-}OAr + R_3'N{\cdot}HCl$$

als auch nach dem der allgemeinen Grundkatalyse ablaufen kann:

$$Ar{-}OH + R'_3N \rightleftharpoons Ar{-}OH\ldots NR'_3 \rightleftharpoons Ar{-}O^-\ldots HNR'_3$$

$$\xrightarrow{RCOCl} Ar{-}OCOR + R'_3N\cdot HCl$$

Die Reaktionsrichtung hängt von der Basizität des tertiären Amines und folglich von seiner Fähigkeit ab, eine Wasserstoffbindung mit dem Phenol zu bilden [52 bis 54].

Unter interessanten Resultaten der Mechanismusforschung soll ein neues Verfahren zur strukturellen Kontrolle des entstehenden Moleküls erwähnt werden. Bei der Polykondensation der aromatischen Tetramine mit m-Carborandicarbonsäurechloriden wurde gefunden, daß die Zugabe von Pyridinhydrochlorid ein lineares Polymer gibt, während die Reaktion ohne diese Substanz ein verzweigtes und vernetztes Polyamid liefert [55]. Das folgende Schema erklärt den Einfluß von Pyridinhydrochlorid:

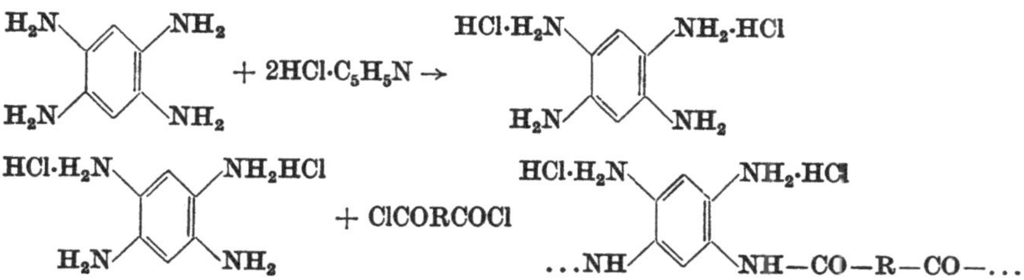

Infolge der Salzbildung wird das Tetramin bifunktionell und ergibt ein lineares Polymer mittels Säuredichlorid (Abb. 2) [56].

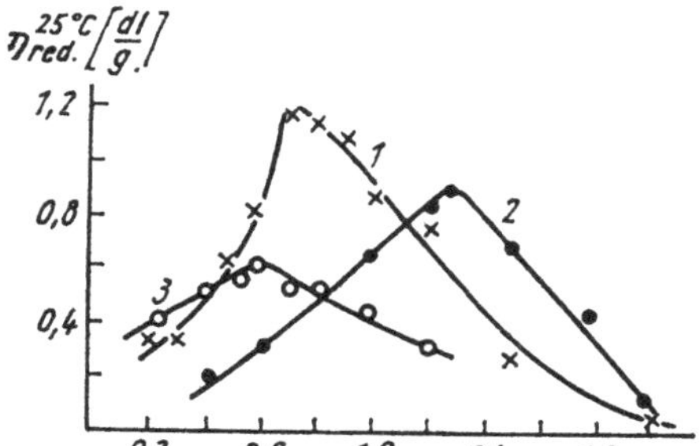

Abb. 2 Einfluß der Menge von Pyridinhydrochlorid auf die Viscositätseigenschaften der Polymere bei der Reaktion der äquimolekularen Menge von m-Carborandicarbonsäuredichlorid und 3,3;4,4'-Tetraminodiphenyloxyd (1), 3,3;4,4'-Tetraminodiphenylsulfon (2), 3,3;4,4-Tetraminodiphenylmethan (3), Reaktionstemperatur = — 30 °C, Reaktionsgemischkonzentration = 0,1 mol/1.
Auf der Abszisse ist das Molverhältnis von Pyridinchlorhydrat in Tetramin aufgetragen.

Dasselbe Resultat wurde bei der Verwendung der Hydrochloride der reagierenden Tetramine erzielt [7]. Später wurde dieses Verfahren zur Synthese von Polybenzimadazolen und Pyrronen verwendet [57]. Die untersuchte Reaktion von Trichlorhydrat des 2,3,5,6-Tetraaminopyridins mit Säurechlorid verläuft folgenderweise:

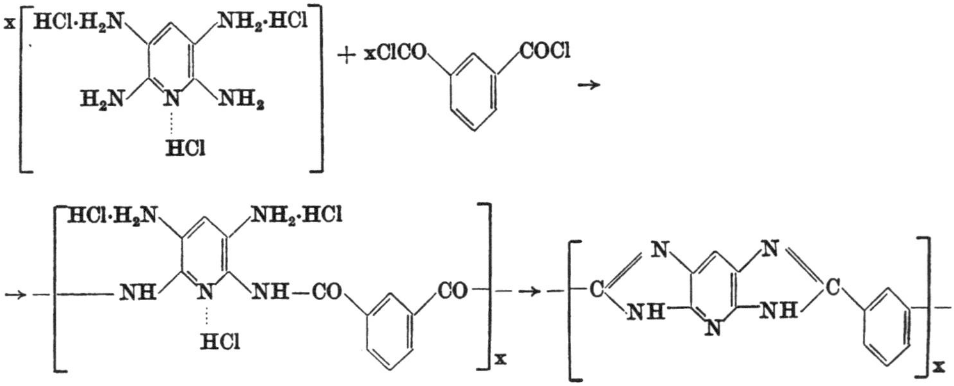

In diesem Fall reagiert also das Trichlorhydrat wie eine bifunktionelle Verbindung [57].

ANDRIANOW [58] zeigte, daß die Stellung der funktionellen Gruppen einen großen Einfluß auf die Struktur der Produkte bei der Polykondensation der polyfunktionellen Verbindungen ausübt. So führt die Polykondensation von kreuzähnlichen elementarorganischen tetrafunktionellen Monomeren, die die funktionellen Gruppen an den Zweigenden enthalten, entweder zu unlöslichen vernetzten Polymeren [58], oder zu spirozyklischen Verbindungen [59]. Demgemäß stellen die Produkte der Reaktion von cis-1,3,5,7-Tetrahydroxy-1,3,5,7-tetraphenylcyclotetrasiloxanen mit Tetrabutoxytitan sogar bei einer hohen Konversion völlig lösliche Verbindungen dar [60].

Unter den Tendenzen der letzten Zeit ist die Verwendung thermodynamischer Methoden zum Studium der Polykondensationsprozesse hervorzuheben. So wurde die Thermodynamik der Synthese einiger Polyheteroarylene eingehend untersucht. Das führte zur Bestimmung der Temperaturgrenzen einzelner Reaktionsschritte, zur Auswertung der thermodynamischen Funktionen der Polymere und zur Errechnung der Gleichgewichtskonstanten des Prozesses, die zeigten, daß diese Reaktionen zur Nichtgleichgewichtspolykondensation gehören [19, 61].

Copolykondensation

Die Untersuchungen an der Copolykondensation zeigten den Einfluß der Reaktionsfähigkeit der Ausgangsmonomere und des Reaktionsverfahrens auf die Struktur der sich bildenden Polymere. TURSKA und Mitarbeiter setzten eine kinetische

Gleichung an, die den Ablauf der Copolykondensation dreier bifunktioneller Monomere A, B und C beschrieben. Diese Monomere werden auf solche Weise gewählt, daß das Monomer A mit B und C reagiert, und die letzteren miteinander nicht reagieren [62]. TURSKA und Mitarbeiter untersuchten den Einfluß der Reaktionsfähigkeit der funktionellen Gruppen der Monomeren auf die Zusammensetzung des Copolymeres und auf die Struktur der Makromolekülkette bei der Nichtgleichgewichtspolykondensation [63]. Sie bestimmten die isokinetische Temperatur T_i für jedes Monomerenpaar, bei der die Geschwindigkeitskonstanten der beiden Reaktionen gleich sind.

$$T_i = \frac{E_{AB} - E_{AC}}{R(B_{AB} - B_{AC})}$$

wo E_{AB} und E_{AC} die Aktivierungsenergie der entsprechenden Polykondensationsreaktionen, B_{AB} und B_{AC} die Vorexponentialfaktoren der Arrhenius-Gleichung und R die universale Gaskonstante sind.

Wenn bei der Temperatur innerhalb T_i $K_{AB} > K_{AC}$, so erfolgt bei der Temperatur oberhalb T_i eine Umkehrung der Reaktionsfähigkeit der Monomere B und C, und das Monomer C wird aktiver als das Monomer B. Folglich verändert sich die Verteilung der Bausteine B und C der Makromolekülkette entlang in Abhängigkeit von der Temperatur. Bei einer Reaktionstemperatur, die T_i gleich ist, bildet sich vielmehr ein Produkt mit konstanter Zusammensetzung und statistischer Verteilung der Bausteine B und C unabhängig vom Konversionsgrad. Daraus besteht die Möglichkeit, die Copolykondensationsprozesse durch die Wahl der entsprechenden Reaktionstemperatur zu kontrollieren [63]. Es stellte sich heraus, daß in einigen Fällen die Copolykondensation in eine bestimmte Richtung gelenkt werden und entweder statistische Copolymere oder Blockcopolymere liefern kann. Wenn man gewohnheitsgemäß die beiden Copolymere mit dem Intermonomer mischt, bildet sich stets ein statistisches Polymer. Wenn aber ein Interpolymer ins Copolymerengemisch allmählich eingeführt wird, entsteht ein Blockcopolymer [64]. Und je langsamer das Intermonomer zugesetzt wird, desto stärker wird die blockähnliche Bildungsweise ausgeprägt [65].

Eingehend wurde die Bildung der Blockcopolymere bei der Reaktion von siliziumorganischen Blöcken mit Terephthalsäurechlorid und 4,4'-(Hexahydro-4,7-methylenindan-5-iliden)-diphenol in Gegenwart von Trimethylamin untersucht:

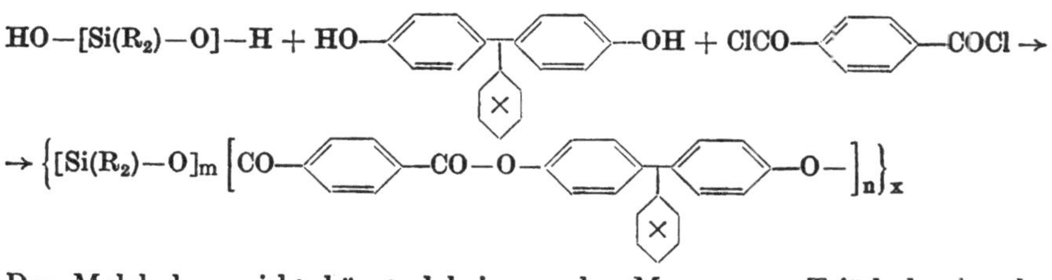

Das Molekulargewicht hängt dabei von der Menge von Triäthylamin ab und erreicht ein Maximum beim Säurechlorid/Triäthylamin-Verhältnis von 1 : 2 [66].

Im Copolymer, das bei der Reaktion von Isophthaloylchlorid mit einem Gemisch von 4,4'-Diaminodiphenyloxid und 4,4'-Diaminodiphenylsulfon gewonnen wurde, untersuchte man die Verteilung der Bausteine in Abhängigkeit von Polykondensationsbedingungen [67]. Der Kennwert B zeigt das Verhältnis des Heterobausteinanteiles im Copolymer zu dem für völlig statistisches Copolymer zu erwartenden und charakterisiert die Blockverteilung im Copolymer: $B = 1$ für ein statistisches Copolymer, $B = 2$ für ein sich abwechselndes Copolymer, $B < 1$ für ein Blockcopolymer und $B \to 0$ mit der Vergrößerung der Blocklänge. Für das in Dimethylacetamid erhaltene Copolymer $B = 0{,}90$, in Sulfolan bei der Zugabe der Isophthaloylchloridlösung zur Diaminlösung $B = 0{,}35$, und bei der Zugabe der Diaminlösung zur Isophthaloylchloridlösung $B = 1{,}26$.

Wie man sieht, zeigt sich die Tendenz zur Blockbildung in Sulfon sehr deutlich. In Gegenwart von Propylenoxyd, einem schwächeren Säureakzeptor, kann man vielmehr Copolymere mit $B = 1{,}26$ herstellen, was von einem erheblichen Gehalt an den sich abwechselnden Strukturen zeugt [67].

Einfluß der Lösungsmittel

Gründliche Untersuchungen an Mechanismen der in Polykondensation benutzten Reaktionen zeigten eine große Rolle der Lösungsmittel. Die Durchführung der Reaktion in Lösung ermöglicht die Kontrolle des Reaktionsmechanismus durch die Änderung der Lösungsmittelnatur, die Verwendung der Gemische verschiedener Lösungsmittel, die Änderung der Ordnung der Reagenzienführung, die Verwendung von Katalysatoren und katalytisch wirkenden Lösungsmitteln.

Als Resultat wurde die stereospezifische Polykondensation entdeckt [68], die Methode zur Synthese von Blockcopolymeren entwickelt [64] usw.

Herlinger et al. [69] zeigten, daß die Nichtgleichgewichtspolykondensation in Amidlösungsmitteln durch die Bildung eines Reaktionskomplexes von Säurechlorid mit Amin vor sich geht:

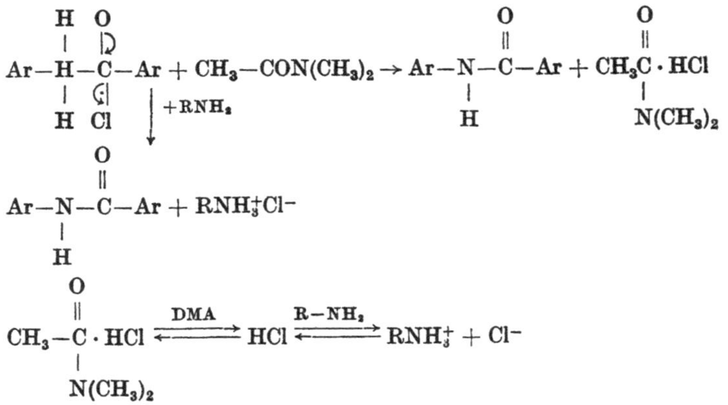

Danach bilden sich eine Amidbindung und Dimethylacetamidhydrochlorid.

Bei der Polykondensation von Dicarbonsäuredichloriden mit Diaminen in Dimethylformamidlösung wurde gefunden, daß dabei reaktionsfähige Addukte des Säurechlorides mit Dimethylformamid entstehen [70]. Sie reagieren mit Aminen unter Bildung von N, N-Dimethyl-N-phenylformamidin:

$[RCO-O-CH=N(CH_3)_2]Br^-$

Als Säureakzeptor kann auch nicht umgesetztes Amin dienen, was den Ablauf des Prozesses beeinflußt, indem es das Verhältnis der Ausgangssubstanzen ändert. Der Ablauf der Polykondensation hängt daher vom Gleichgewicht $RNH_2 \cdot HCl \rightleftarrows DMA \cdot HCl$ ab [69].

Außerdem kann die Umamidierung nach dem folgenden Schema stattfinden:

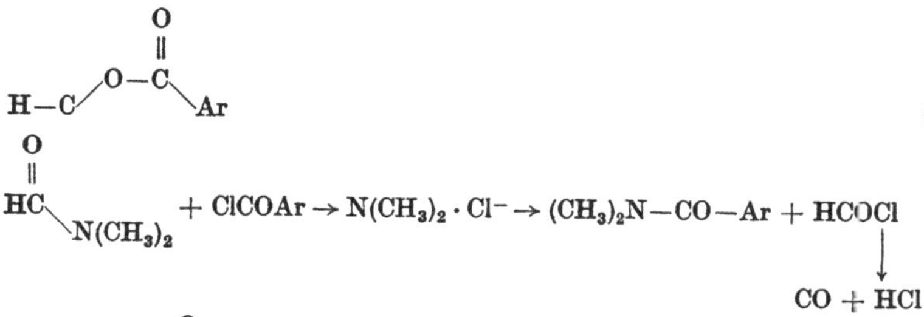

(unbeständig)

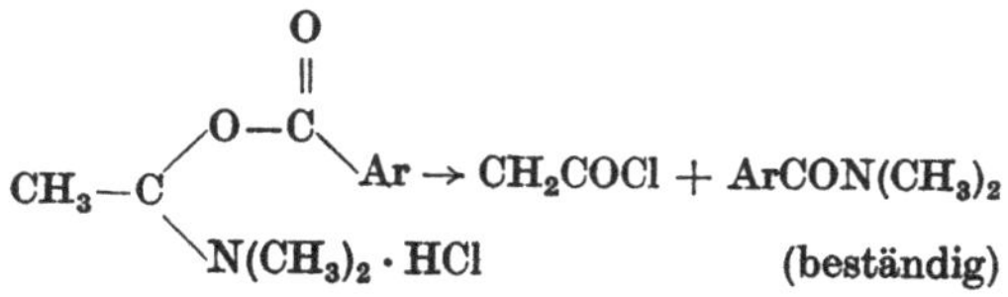

Die Umamidierung verläuft mit der Aktivierungsenergie von 5,5 kcal/mol. Diese Reaktion, die mit Hilfe des markierten ^{14}C von Dimethylacetamid untersucht wurde, führt zum Kettenabbruch:

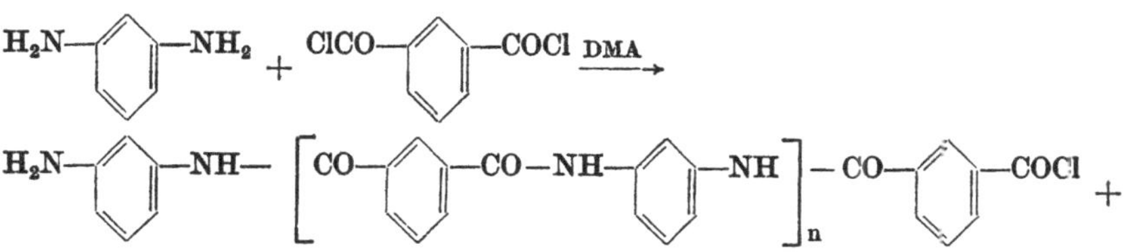

$+ DMA \cdot HCl$

$$H_2N-Polymer-COCl + CH_3\overset{14}{C}ON(CH_3)_2 \rightleftharpoons H_2N-Polymer-CO-N(CH_3)_2 + CH_3\overset{14}{C}OCl$$

$$H_2N-Polymer-CON(CH_3)_2 + CH_3\overset{14}{C}OCl \rightleftharpoons CH_3-\overset{14}{C}O-NH-Polymer-CO-N(CH_3)_2$$

Die Verwendung der Methode der markierten Atome (^{14}C) zeigte, daß sich die Geschwindigkeiten des Wachstums und Abbruches der Polymerkette wie 280 : 1 verhalten. Die Aktivierungsenergie der Wachstumsreaktion der Kette beträgt 1,5 kcal/mol. Die kinetischen Untersuchungen zeigten, daß 70—80 °C die obere Temperaturgrenze darstellen, oberhalb deren wegen einer hohen Umamidierungsgeschwindigkeit und folglich des Kettenabbruches kein hochmolekulares Polymer zu erhalten ist [69].

Es ist interessant, daß bei der Nichtgleichgewichtspolykondensation in Lösung stereoreguläre Polymere gewonnen werden können. In diesem Fall, wie die akzeptor-katalytische Polyveresterung zeigt, spielen der Lösungsmittelcharakter und der Akzeptor eine wichtige Rolle [68]. So werden bei der Polykondensation von Bis-(4-oxy-3-chlorphenyl)-2,2-propan mit Terephthalsäurechlorid die Polyarylate mit verschiedenen Eigenschaften, Schmelztemperaturen und Löslichkeit [68, 71] hergestellt. Die Untersuchungen an resultierenden Polymeren zeigten, daß sie stereoreguläre Polymere sind und Konformere mit unterschiedlicher Konformation darstellen, die durch gehinderte Rotation entsteht; sie haben folgende Struktur:

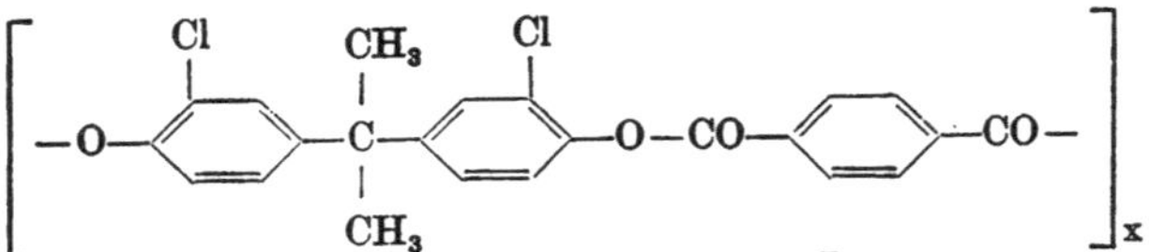

I

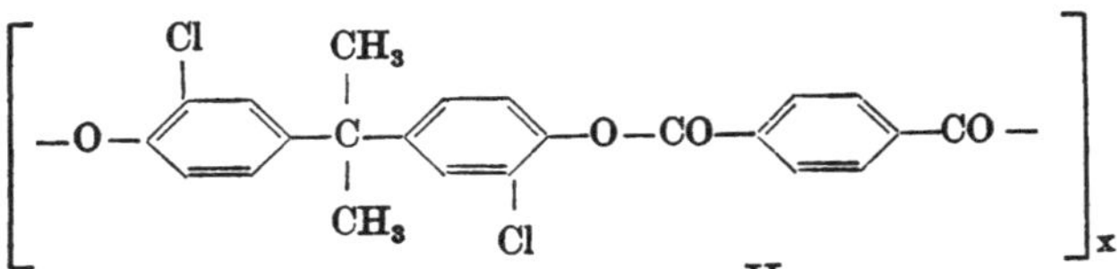

II

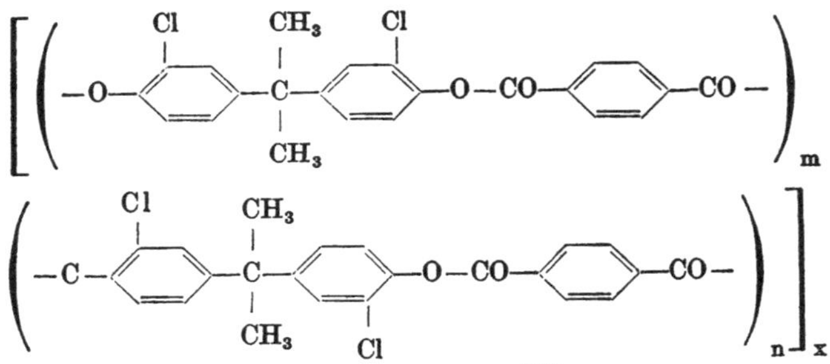

III

Die Formeln I und II drücken zwei extreme Strukturen aus: I — cis, II — trans. Sie können als Analoge der isotaktischen und syndiotaktischen Struktur bei Polyphenylenen betrachtet werden. Die Formel III entspricht dem ataktischen Polymer mit beiden Konformationen, die statistisch und blockweise im Polyarylatmolekül verteilt sind [72, 73].

Stereoreguläre Polymere konnte man aus anderen Dianderivaten mit zwei Methyl- oder Nitrogruppen herstellen. All diese Polymere enthalten anscheinend Blöcke als regulär angeordneten Gruppen. Die Blockgröße hängt von den Synthesebedingungen (Charakter der Lösungsmittel und Säureakzeptor) ab und kann im bestimmten Bereich geändert werden [73].

Neue Reaktionen des Polykondensationstyps

Neben dem Studium und der Vervollkommnung der schon bekannten Reaktionen des Polykondensationstyps sind neue Reaktionen entwickelt worden, die sowohl neue als auch schon bekannte Polymere herstellen lassen. Zu solchen Reaktionen gehört die Polycyclokondensation acetylaromatischer Verbindungen [74]. Polyphenylene werden mittels dieses Verfahrens wie folgt gewonnen:

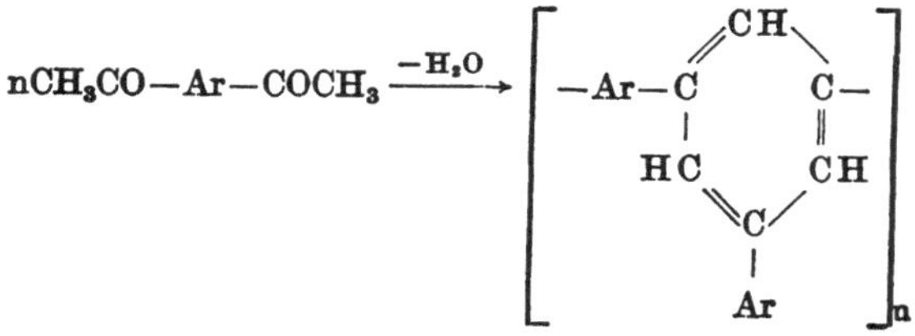

Die Copolykondensation von Diacetyl- mit Monoacetylderivaten läßt auf diese Weise lineare Polymere erhalten [75]:

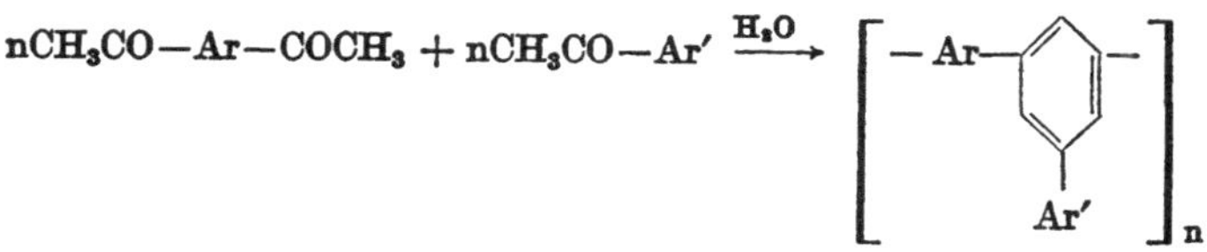

Diese Reaktion wurde durch die Verwendung von Ketalen anstatt entsprechender Ketone verbessert [76]. Die Reaktion kann folgenderweise dargestellt werden [47]:

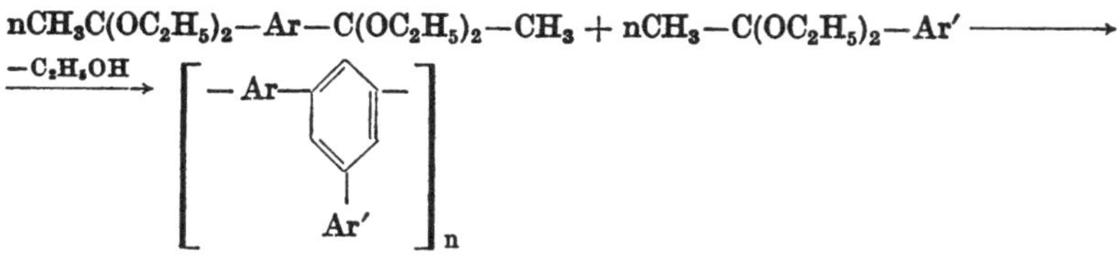

Mittels dieser Reaktion können verschiedenartige Polyphenylene, die verschiedene Gruppen und Atome enthalten, gewonnen werden.

Eine interessante Vervollkommnung der Synthese von Polyimiden kann die Verwendung von Dichloranhydriden der Tetracarbonsäurediester anstatt Dianhydride darstellen [42]:

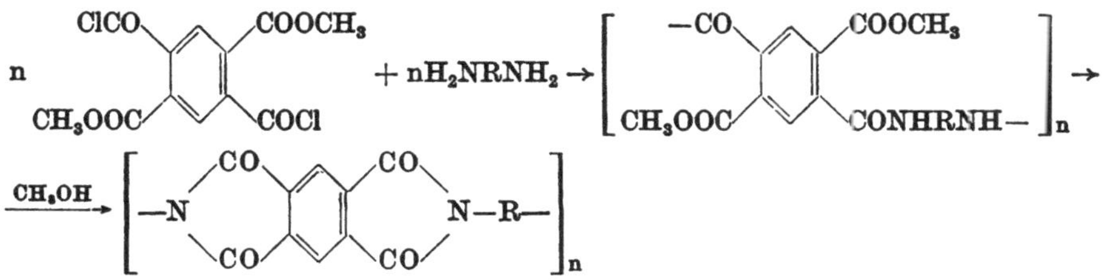

Die auf solche Weise erhaltenen Polyimide weisen höhere Hydrolysenbeständigkeit als die gewöhnlichen auf.

Marvel und die anderen Autoren fanden, daß Polybenzimidazole bei der Reaktion von Tetraaminen mit Diphenylterephthalat oder Diphenylisophthalat in Sulfonen oder Diphenylsulfon leicht erreichbar sind [77].

Pyrolytische Polykondensation von Polymeren verläuft unter Abspaltung des Wasserstoffes: Ar—H + H—Ar   Ar—Ar + H_2. Infolgedessen bilden sich die Kohle und der Graphit, deren Aufbau von der Struktur der Ausgangsstoffe abhängt [78]. Wenn die Ausgangsstoffe unschmelzbar sind, entsteht ein nichtkristallisierender amorpher Koks; wenn sie schmelzbar sind, entsteht ein kristallisierender Graphit.

Die Polykondensation von Benzol, Biphenyl, Triphenylen, Pyren und anderen ergibt Koks und Graphit. Der Aufbau des letzteren hängt vom Ausgangskohlenwasserstoff ab. Das aus Pyren erhaltene Produkt steht dem Naturgraphit am nächsten [79].

Entwicklungstendenzen in der Synthese von Polymeren durch Polykondensationsverfahren

Man kann solche Tendenzen in der Entwicklung der Polykondensationssynthese von Polymeren vermerken wie der Übergang zu komplizierteren Bausteinstrukturen, die Synthese von nichtwasserstoffhaltigen Polymeren sowie die Synthese elementeorganischer und anorganischer Polymere. Unter den nichtwasserstoffhaltigen Strukturen sind vor allem die aus Kohle und Graphit aufgebauten Fasern und Kokse hervorzuheben. Diese Produkte weisen hohe Festigkeit und recht gute Thermobeständigkeit, besonders in einer inerten Atmosphäre, auf [80].

Unter den neuen Polymeren Strukturen sind Cardo-Polymere zu erwähnen, die ein Kohlenstoffatom enthalten , das zur Hauptkette des Makromoleküls und gleichzeitig zum Ring gehört. Schematisch kann die Struktur des Cardo-Polymeren folgenderweise dargestellt werden:

Beispiele dazu sind Polyarylate, Polyamide, Polyimide und andere, sowie Polymere, die Phthalid-, Phenolfluoren- und andere Gruppen enthalten [81].

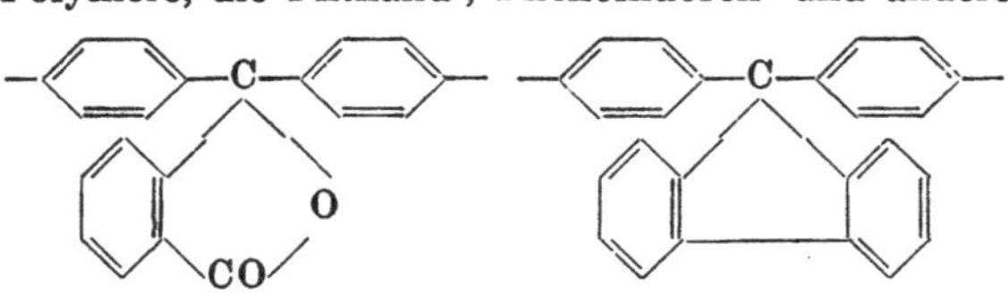

Die Cardo-Polymere haben hohe Wärme- und Thermobeständigkeit und sind in organischen Lösungsmitteln gut löslich [81].

Jetzt soll auf die neuen polymeren Strukturen, die in der letzten Zeit dargestellt wurden, eingegangen werden. Polyester des Cardo-Typs stellen eine große Gruppe neuer Polymere dar [82]:

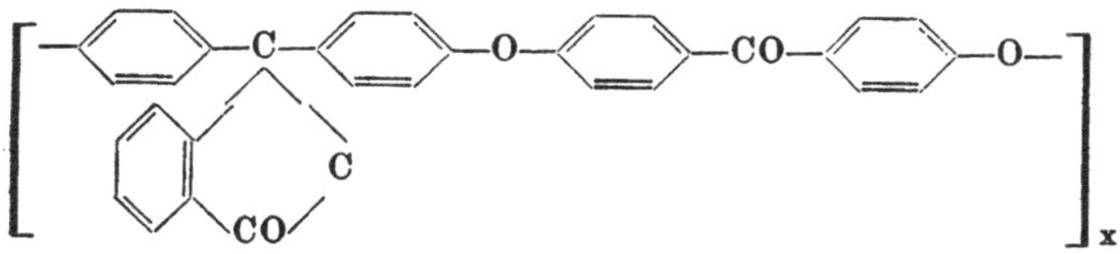

Polyketosulfide sind auch eine neue Polymerklasse, die bei der Polykondensation von 4,4'-Dimerkaptodiphenyl und anderen Bisthiophenolen mit 1,4-Bis (bromacetyl)benzol und anderen Dibromiden hergestellt werden [83]:

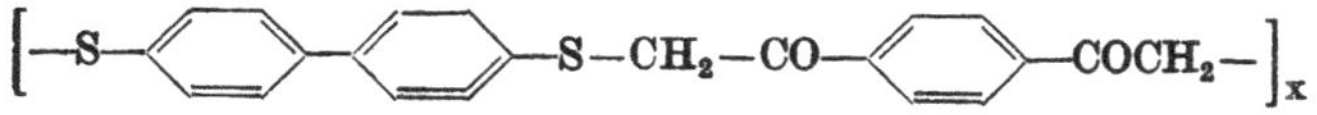

Was die Polyheteroarylene anbetrifft, werden hier intensive Untersuchungen zur Verbesserung der bereits bekannten polymeren Strukturen durchgeführt, sowie neue Strukturen entwickelt. Unter diesen Untersuchungen ist die Synthese von löslichen Polyimiden besonders zu betonen [81]. Dieses Ziel wurde auf zweierlei Weise erreicht: erstens durch die Synthese von Cardo-Polyimiden mit einem Zyklus im Grundbaustein, der zugleich zu der Hauptkette des Makromoleküls gehört [84]. Als Beispiel kann man ein Polyimid aus Anilinphthalain und Pyromellitsäureanhydrid anführen:

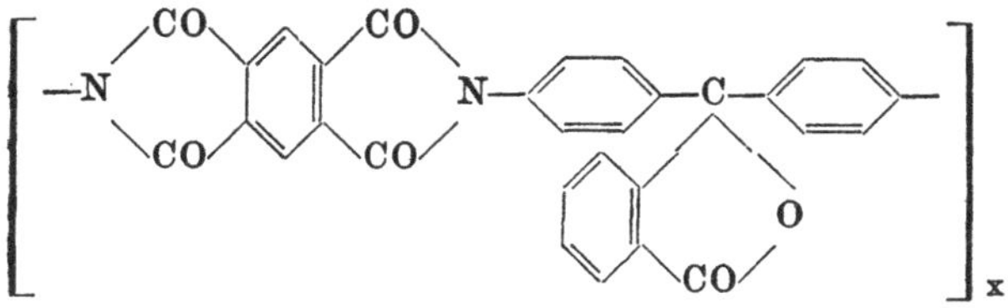

Die zweite Methode besteht darin, daß solche polare Gruppen wie Phenolhydroxyl- oder Methoxylgruppen in den Grundbaustein des Polyimides eingeführt werden [85]:

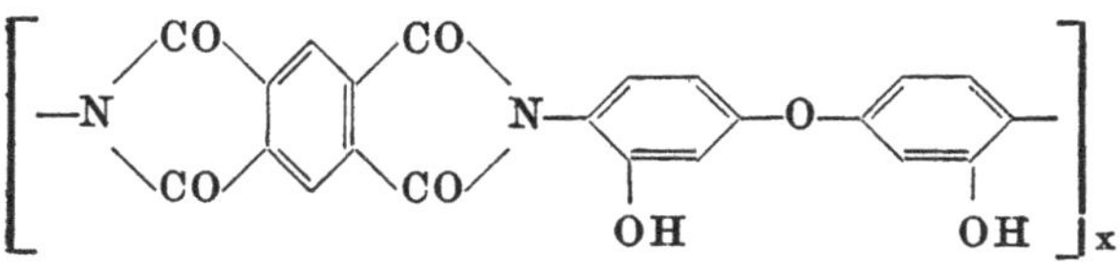

Neben den erwähnten Forschungsrichtungen werden weitgehende Untersuchungen auch an der Synthese von Polyimiden [86] und verschiedengliederigen Polymeren des gemischten Typs durchgeführt, die außer Imiden- auch Äther- [87, 88], Amid-, Benzoxazol-, Benzimidazol- und andere Gruppen [87, 89, 90] enthalten, was öfters eine bessere Löslichkeit erzeugt. Als Beispiel können Polybenzimidazolnaphthoylenbenzimidazole angeführt werden [91]:

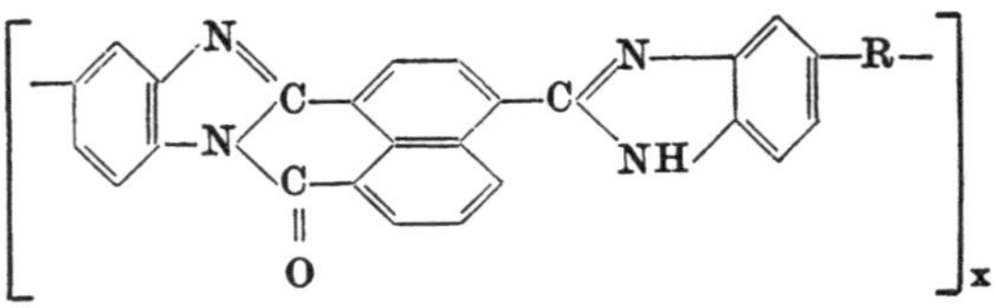

Die Einführung des 5-Pyrazolzyklus macht diese Polymere in Kresol und Dimethylacetamid löslich [92]. Die auf solche Weise erhaltenen, gemischten Polymere haben folgende Struktur:

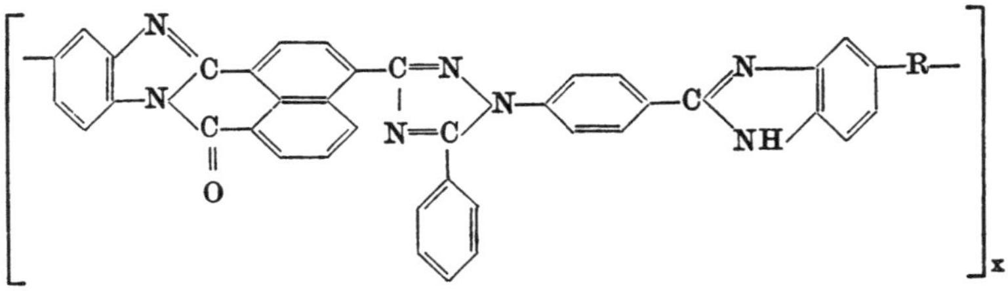

wo R = O, SO_2, CH_2.

Es wurden folgende Phenylquinoxaline beschrieben [93]:

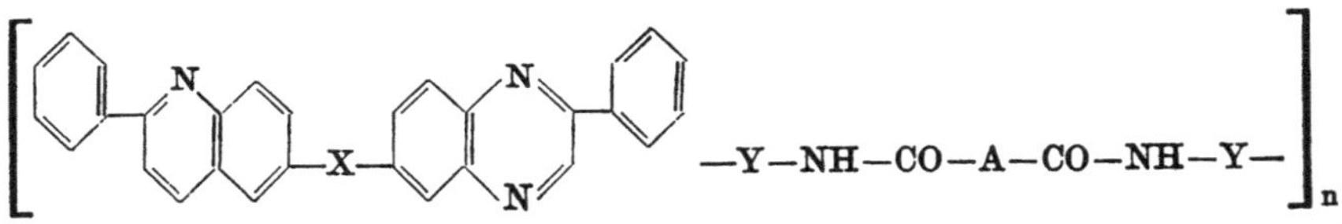

Die Polykondensation von 2,3-Diamino-5,6-dicyanpyrazin in der Polyphosphorsäure führt zu Polymeren, die keine Wasserstoffatome in aromatischen Ringen enthalten und die aus kondensierten Pyrazin-, Imidazol- und Δ^3-Pyrrolin-Ringen entstehen [94]:

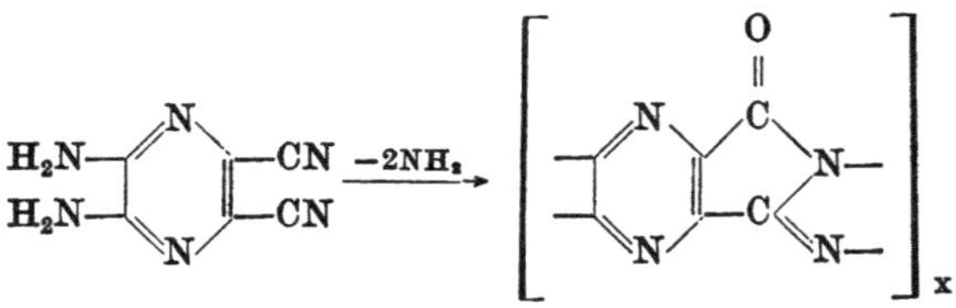

Polyamidbenzothiadiazindioxyde wurden durch die Reaktion von Diaminobenzolsulfonamiden mit Dicarbonsäurechloriden synthetisiert [95]:

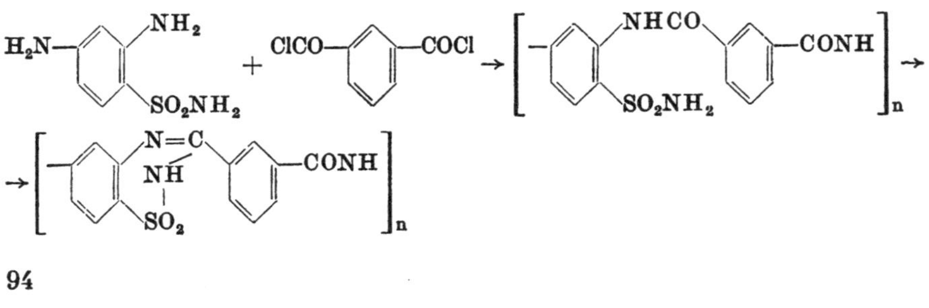

Auf dem Gebiet der Polyheteroarylenforschung tritt auch immer deutlicher die Bestrebung zutage, Polymere mit komplizierteren Strukturen der Bausteine zu synthetisieren.

Als Beispiele dazu dienen Polyisoindoloquinazolindiene, die durch die Reaktion der Methylendiathranylsäure mit Pyromellitsäurechlorid und durch die nachfolgende Behandlung mit Ammoniak und Erhitzung erhalten wurden [96]:

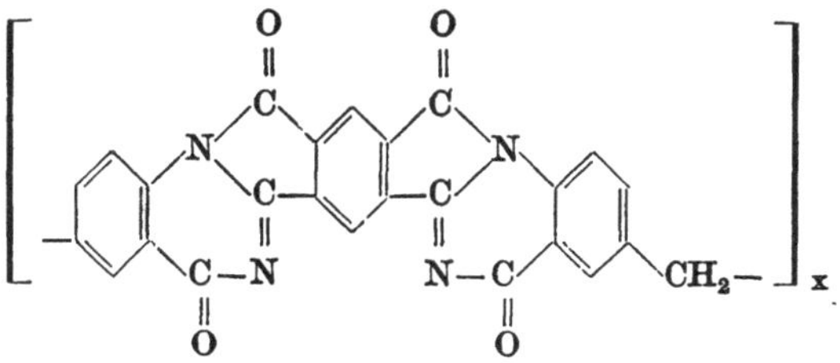

Weiterhin seien recht thermobeständige Polytriazoloquinazoline erwähnt [97]:

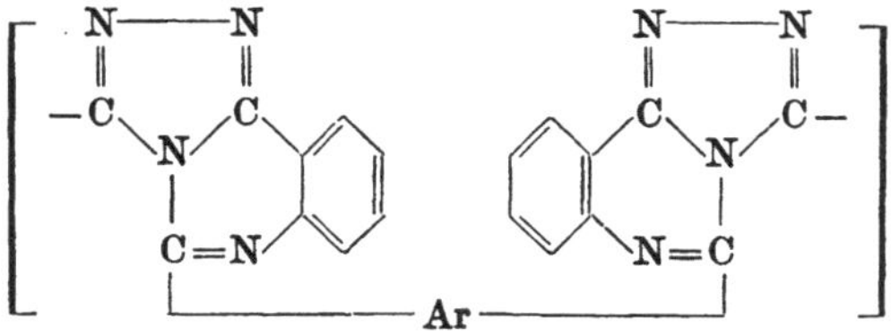

Hierher gehören auch die Polyimide, die durch Reaktion von Pyromellitsäureanhydrid mit 2,7-Diamin-5,10-diphenyl-4,9-diazopyren in der Nitrobenzollösung dargestellt werden [98]:

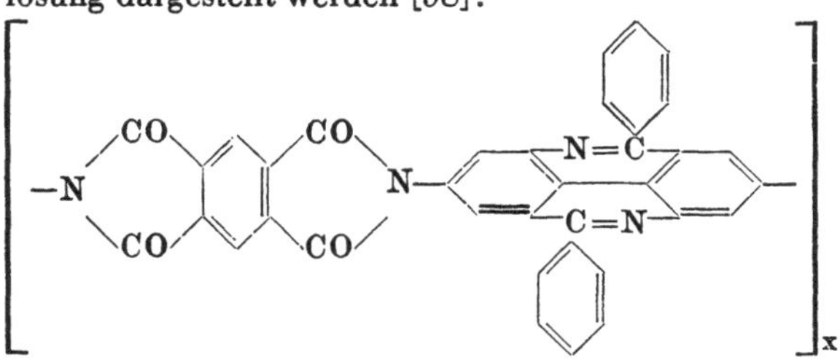

Polybenzimidazoquiazoline, die durch die Reaktion von 1,2-Bi(benzimidazolyl)-4,6-diaminbenzol mit Terephthalsäurechlorid erhalten sind, sind eine sehr interessante Gruppe von Polyheteroarylenen [99]:

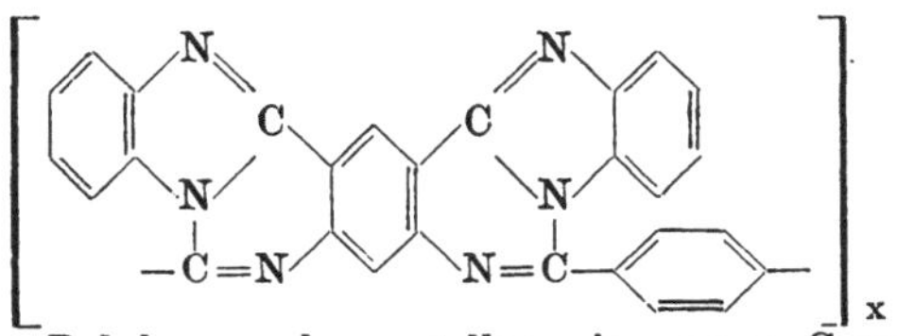

Polyhexacyclane stellen eine neue Gruppe von Polymeren dar, die Makroheterozyklen im Grundbaustein enthalten. Die Verwendung von Diaminen mit voluminösen Substituenten ermöglicht die Herstellung löslicher Polyhexacyclane [100]:

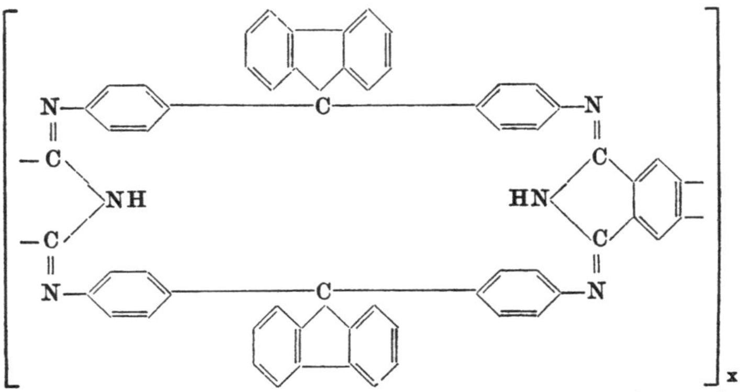

Die Polykondensation von 1,2,5,6-Tetraminoanthraquinon mit 1,4,5,8-Naphthalsäuredianhydrid ergibt ein Leiterpolymer [101]:

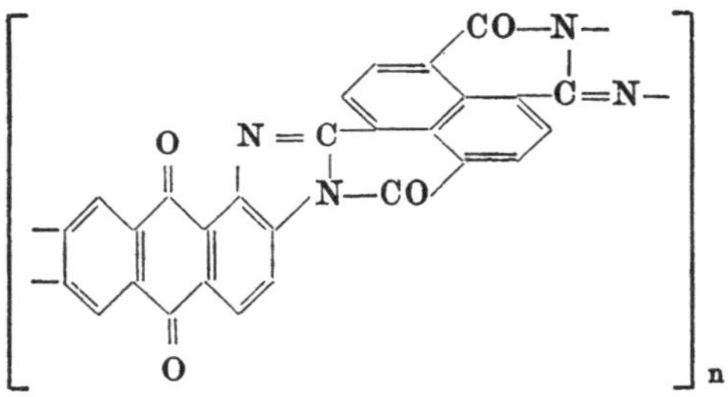

Große Aufmerksamkeit zogen die „Leiterpolymere“ auf sich. Theoretisch scheint eine höhere Thermobeständigkeit der Zweiketten-Leiterpolymere im Vergleich zu den gewöhnlichen Einketten-Polymeren [102] möglich zu sein. Das wurde aber nicht in allen Versuchen gefunden. Der Grund für eine niedrigere Thermobeständigkeit als erwartet, liegt in der defekten chemischen Struktur infolge unvollständiger Zyklisierung der Heterozyklen, wie es an Pyrronen gezeigt wurde [103, 104]. Die Pyrrone erwiesen sich als verschiedengliederige Polymere, die strukturell verschiedene Bausteine enthalten [104]:

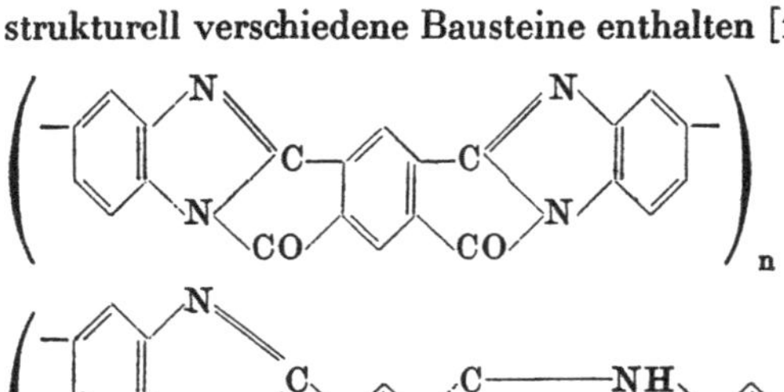

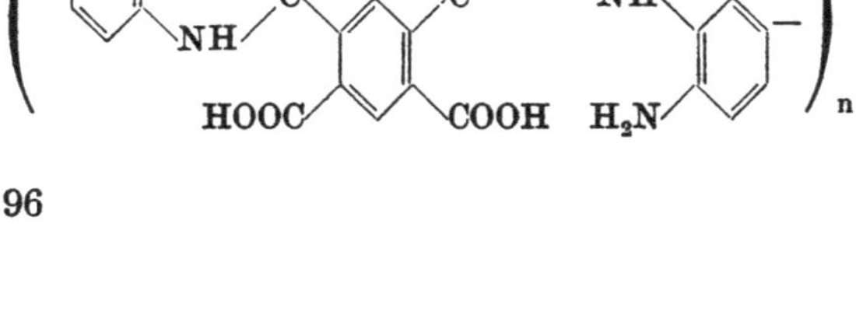

Die Anwesenheit der teilweise zyklisierten Bausteine erzeugt eine niedrigere Thermobeständigkeit der Pyrrone [10, 104]. ANDRIANOW und Mitarbeiter untersuchten die Polykondensation von cis-1,3,5,7-Tetrahydroxy-1,3,5,7-tetraphenylcyclotetrasiloxane (Tetrol) beim Erhitzen in der Schmelze [105], die ein lösliches Polymer lieferte:

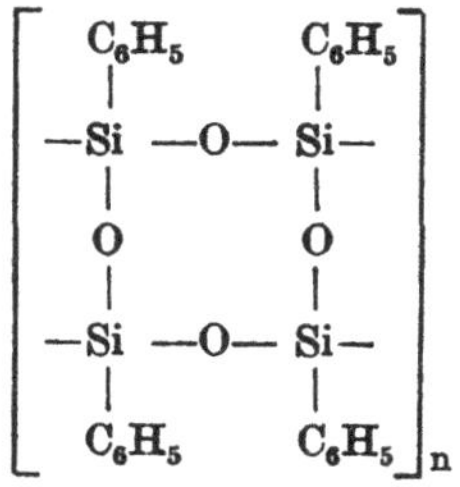

Die auf solche Weise erhaltenen Leiterpolymere weisen gute Löslichkeit und hohe Thermobeständigkeit auf.

Durch Polykondensation von Tetrabutoxytitan mit α-ω-Dioxypolydimethylsiloxanen erhält man spirozyklische Polymere [59]:

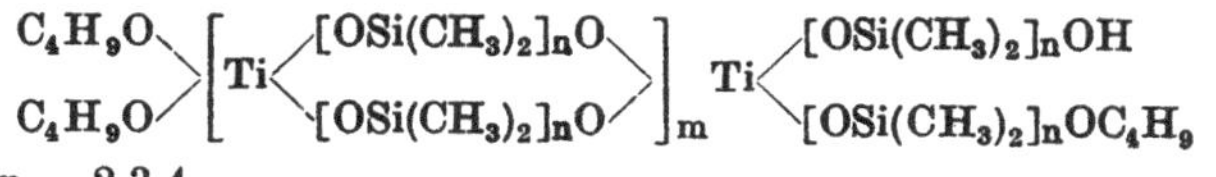

wo n = 2,3,4.

Es wurde gefunden, daß bei der Reaktion von Tetrakis-(trimethylsiloxy)-titan und α-ω-Dimethoxydimethylsiloxanen mit der allgemeinen Formel $CH_3-[OSi(CH_3)_2]_nOCH_3$ (wo n = 2,3,4) lösliche Polymere des Spirantyps hergestellt wurden [106]:

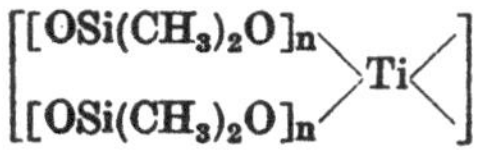

Eine neue Klasse der thermobeständigen Polymere, Polyimidoxyisoindolobenzothiadiazindioxide, wurde bei der Reaktion von Diaminobenzolsulfonamiden mit den Tetrakarbonsäuredianhydriden gewonnen [107]:

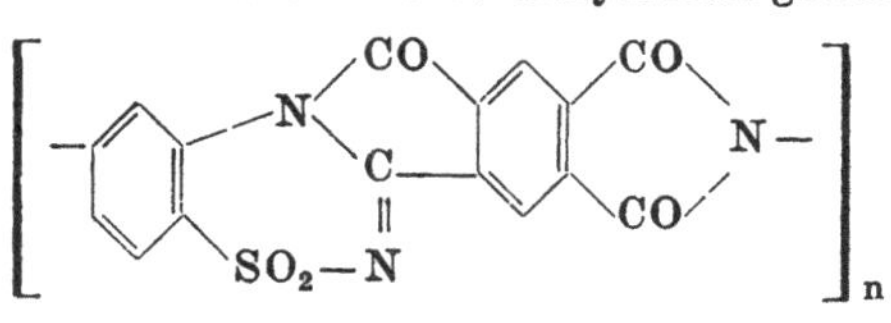

Um Polymere herzustellen, die sich am Licht zersetzen, wurde ein Polykarbaloyldisulfid durch Polykondensation von Bis(dithiokarbonylchlorid) mit Diaminen synthetisiert [108]:

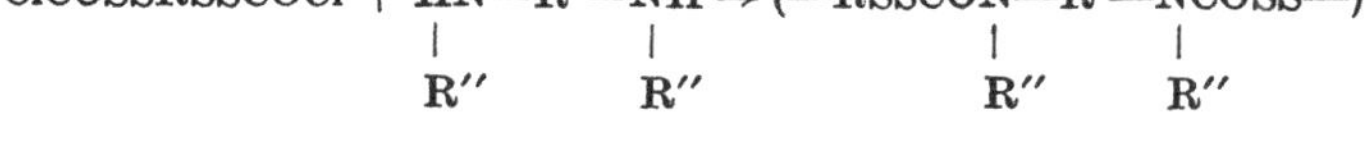

Bei der UV-Bestrahlung zersetzt sich das Polymer unter Bildung von Karbonylsulfid.

Es wurden die phosphorhaltigen Polyamide mit erhöhter Feuerfestigkeit aus Bis(-p-karboxyphenoxymethyl)-methylphosphinoxid und aliphatischen Aminen gewonnen [109]:

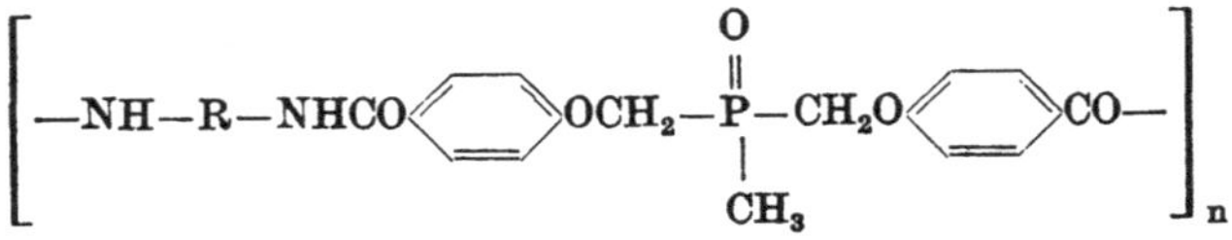

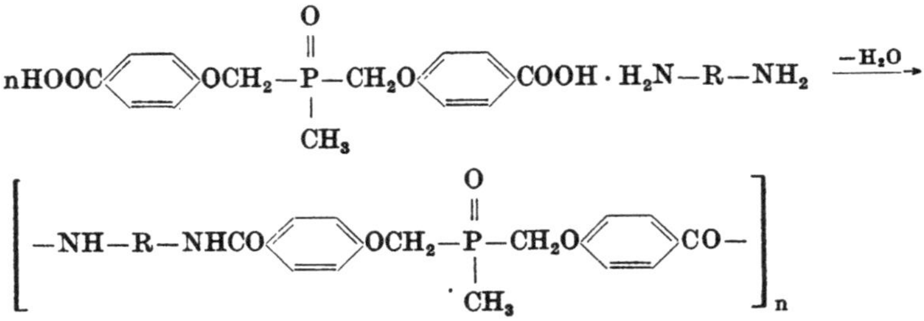

wo R = $(CH_2)_4$; $(CH_2)_5$; $(CH_2)_6$; $(CH_2)_8$; $(CH_2)_{10}$.

Nach wie vor ziehen die metallhaltigen Polymere die Aufmerksamkeit der Forscher auf sich.

So stellen die Polyphosphinate von Mangan, Zink und anderen Metallen mit der Brutto-Formel:

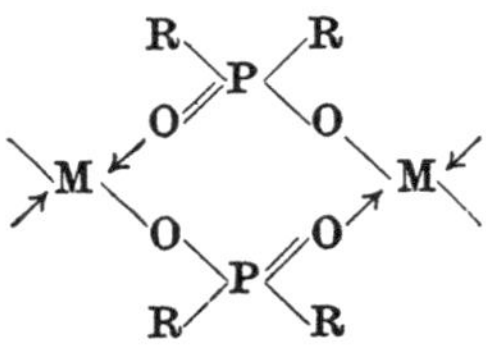

mit M = Metallion

lösliche folienbildende Polymere. Sie sind recht thermobeständig [110]. Es wurde eine Reihe von Polyesterchelaten von Kupfer erhalten, die in organischen Lösungsmitteln leicht löslich sind [111]:

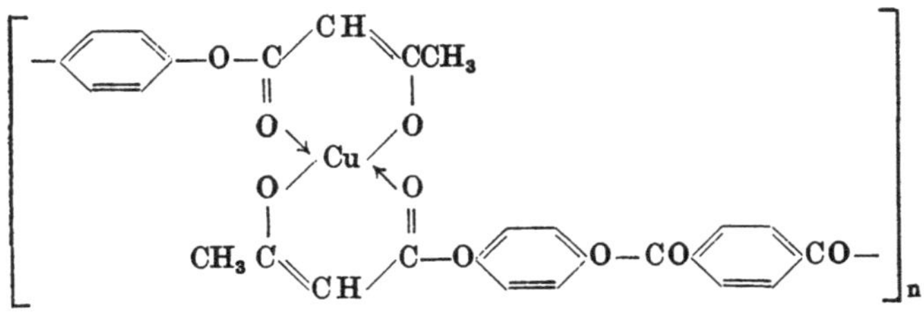

Folgende Triphosphinate:

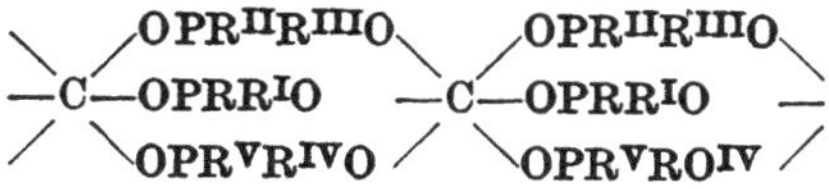

wurden aus den Phosphinsäuren und Chromsalzen hergestellt [112].

Die polymeren Salze der Cyclopentadienylderivate von Hafnium, Zirkonium und Titan wurden durch die Reaktion der entsprechenden Dichloride mit Natriumsalzen der Dikarbonsäuren gewonnen [113]:

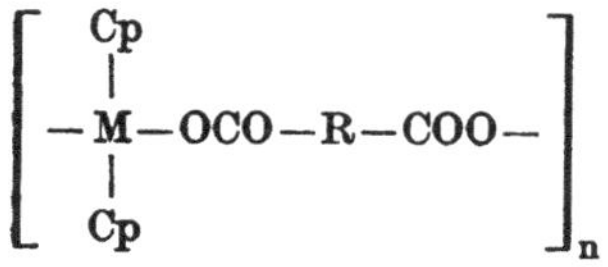

mit
M = Hf, Zr, Ti; Cp — Cyclopentadien.

Die Polymere sind in Triäthylphosphat und 2-Chloräthan löslich. Folgende Reaktion liefert Poly-bis(phosphinatoalanyl)-phosphonate [114]:

$$2AlH_3 + HOP(R)(O)OH \xrightarrow{H_2} H_2AlOP(R)(O)OAlH_2 \xrightarrow[-H_2]{+HX}$$

$$\longrightarrow n[X_2AlOP(R)(O)OAlX_2] \longrightarrow [X_2AlOP(R)(O)OAlX_2]_n$$

Es sind titanhaltige Polyester, Polythioester und Polyamide beschrieben worden [115]:

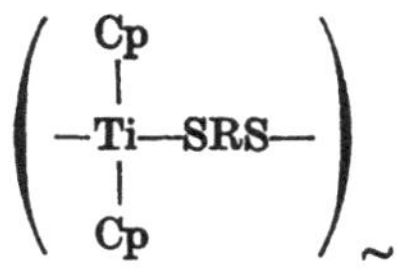

Großes Interesse erwecken die Polymere, die in der Hauptkette oder den Seitenketten die Karborangruppen enthalten [116]. Durch übliche Polykondensationsverfahren konnte man eine Reihe von Polyestern, Polyamiden, Polyhydraziden sowie Polyoxadiazolen auf der Basis der letzteren herstellen.

Besonders interessant erwiesen sich die Derivate der m- und p-Karborandicarbonsäure und des m-Karboranylendiamines:

Polyester [117]:

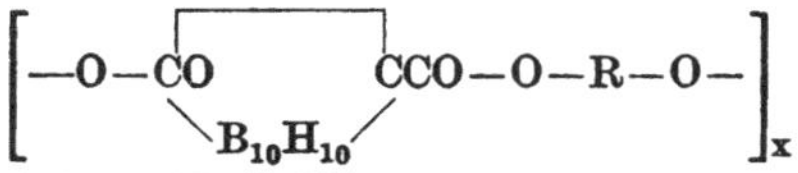

Polyamide [118]:

$[-NH-CB_{10}H_{10}C-NH-CO-R-CO-]_x$

Polyoxadiazole [119]:

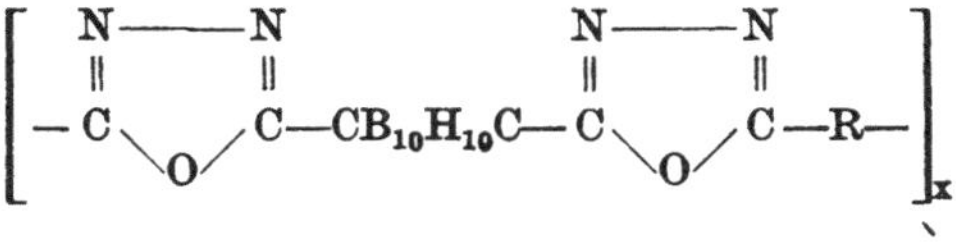

Polyhydrazide [119]:

$[-R-CONHNHCOCB_{10}H_{10}CCONHNH-CO-]_x$

sowie die Derivate von Bis(n-carboxyphenyl)-o-carboran des Polyarylattyps [120]:

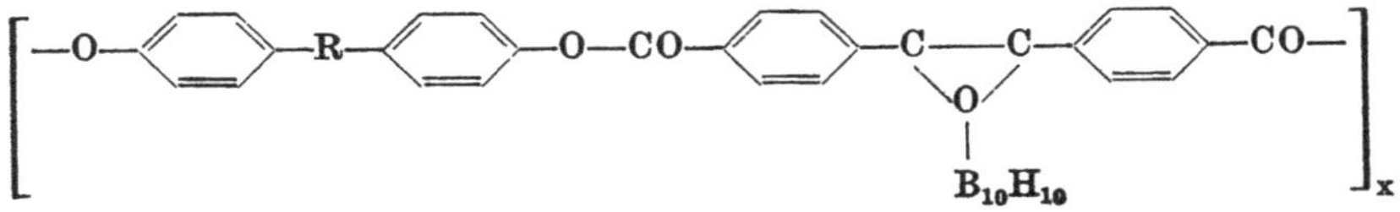

Die angeführten Beispiele zeugen davon, daß auf dem Gebiet der Polykondensationsforschung große Fortschritte gemacht worden sind. Neue Reaktionen für Polymersynthesen werden entwickelt, schon bekannte synthetische Prozesse werden weiter untersucht und vervollkommnet. Infolgedessen wird die Wissenschaft mit vielen neuen Polymeren bereichert, und eine beträchtliche Menge der früher bekannten, durch verbesserte Methoden erhaltenen Polymere erlangt eine Kombination besserer Eigenschaften. Charakteristisch für die synthetische Entwicklungsrichtung ist das Eindringen in immer kompliziertere Reaktionen und die Herstellung neuer polymerer Strukturen mit einem recht komplizierten Aufbau, was die wachsende Kunstfertigkeit im Bereich der Polymersynthese kennzeichnet.

Ein besonders charakteristisches Merkmal der Polykondensationssynthese ist die Synthese nicht nur konstruktiver Polymere, sondern in immer größerem Maße die Synthese von Verbindungen mit spezifischen Eigenschaften, wie zum Beispiel, thermobeständige, halbleitende, elektroleitende, photoaktive und bioaktive Polymere, Biopolymere, Katalysatoren, Ionite usw.

Literatur

[1] V. V. Koršak: Acta Chimica Academiae Scientiarum Hungarica **81** (1974) S. 345.

[2] V. V. Koršak: Vysokomol. Soed. **A 15** (1973) S. 298.

[3] V. V. Koršak: Usp. Chimii **35** (1966) S. 1030.

[4] V. V. Koršak, S. V. Vinogradova: Gleichgewichtspolykondensation. Nauka, Moskau 1968.

[5] V. V. Koršak, S. V. Vinogradova: Nichtgleichgewichtspolykondensation. Nauka, Moskau 1972.

[6] J. L. R. Williams, J. M. Carlson, G. A. Reynolds: Makromol. chem. **65** (1963) S. 54.

[7] V. V. Koršak: Pure and Applied Chemistry **12** (1966) S. 101.

[8] V. V. Koršak: J. für prakt. Chem., **313** (1971) S. 422.

[9] V. V. Koršak: Chemischer Bau und Temperaturkennwerte von Polymeren. Nauka, Moskau 1970, S. 376.

[10] V. V. Koršak: Vysokomol. Soed. A 15 (1973) S. 298.

[11] V. V. Koršak: Usp. Chimii **42** (1973) S. 695.

[12] B. Kamerbeek, G. H. Kross, W. Grolle: Soc. Chem. Ind. (London) **13** (1961) S. 357.

[13] H. Staudinger, H. Schmidt: J. prakt. Chem. **155** (1940) S. 129.

[14] H. Schnell: Angew. Chem. 68 (1956) S. 633.
[15] Z. Ordel't: Vysokomol. Soed. 4 (1962) S. 1110.
[16] V. V. Koršak, S. V. Vinogradova, S. A. Siling: Vysokomol. Soed. 8 (1966) S. 1608.
[17] E. Turska: Vysokomol. Soed. A 15 (1973) S. 393.
[18] A. A. Izyneev, V. V. Koršak, T. M. Frunze, V. V. Kurašev: Izv. Akad. Nauk SSSR, Ser. chim. (1963) S. 1828.
[19] I. B. Rabinovič, A. P. Močalov, L. I. Pavlinov, V. V. Koršak, A. L. Rusanov, R. D. Kacarava: Dokl. Akad. Nauk SSR 198 (1971) S. 597.
[20] S. D. Bruck: Polymer 6 (1965) S. 49.
[21] V. V. Koršak, G. M. Cejtlin, V. P. Kulagin, G. E. Zaikov, Ju. V. Moiseev, I. A. Serenkova: Dokl. Akad. Nauk SSSR 205 (1972) S. 1153.
[22] I. L. Hagnauer, G. D. Bulligan: Macromolecules 197 (1973) S. 477.
[23] A. M. Berlin, V. V. Koršak, E. S. Krongauz, R. L. Nikitina, N. M. Kofman: Dokl. Akad. Nauk SSSR 209 (1973) S. 1333.
[24] P. M. Hergenrother: J. Macromol. Sci. 7 A (173) S. 573.
[25] B. K. Green, E. W. Neuse: Polymer 14 (1973) S. 230.
[26] R. Campbell, W. Hill, H. Wayne: Jr. Macromolecules 6 (1973) S. 492.
[27] V. V. Koršak, L. S. Fedorova, K. K. Mozgova, N. A. Sackaja: Vysokomol. Soed. A 11 (1969) S. 43.
[28] H. Zimmermann, E. Schaaf: Vysokomol. Soed. A 15 (1973) S. 415.
[29] P. Čefelin: Vysokomol. Soed. A 15 (1973) S. 423.
[30] L. B. Sokolov: Vysokomol. Soed. A 15 (1973) S. 387.
[31] S. A. Pavlova, L. V. Dubrovina, Ju. M. Vasileva: Vysokomol. Soed. A 15 (1973) S. 342.
[32] T. E. Lipatova: Vysokomol. Soed. A 15 (1973) S. 327.
[33] G. Reinisch: Ztsch. f. Chemie 14 (1974) S. 165.
[34] H. Zimmermann, G. Reinisch, K. Gehrke, E. Leibnitz, P. Lohmann: Abh. Deutsch. Akad. d. Wissenschaften zu Berlin (1965) N 3, S. 19.
[35] G. Borisov: Vysokomol. Soed. A 15 (1973) S. 275.
[36] L. A. Lajus, M. I. Bessonov, F. S. Florinskij: Vysokomol. Soed. A 13 (1971) S. 2006.
[37] S. V. Vinogradova, Z. V. Geraščenko, Ja. S. Vygodskij: Dokl. Akad. Nauk SSSR 203 (1972) S. 821.
[38] V. V. Koršak, G. M. Cejtlin, V. I. Azarov: Vysokomol. Soed. B 13 (1971) S. 603.
[39] V. V. Koršak, G. M. Cejtlin, O. S. Zuravkov, F. B. Zerman, V. A. Klimova: Vysokomol. Soed. B 16 (1974) S. 99.
[40] G. Gnauck, H. Raubach, E. Schimke: Faserforsch. u. Textiltechn. 25 (1974) S. 137.
[41] A. P. Pravednikov, I. E. Kardaš, I. P. Gluckoedov, A. Ja. Ardašnikov: Vysokomol. Soed. A 15 (1973) S. 349.
[42] V. V. Koršak, S. V. Vinogradova, Ja. S. Vygadskij, Z. V. Geraščenko: Vysokomol. Soed. A 13 (1971) S. 1190.
[43] S. V. Vinogradova, D. R. Tur: Vysokomol. Soed. A 15 (1973) S. 284.
[44] V. V. Koršak, G. L. Berestneva, I. P. Bragina: Vysokomol. Soed. A 14 (1972) S. 1036.
[45] V. V. Koršak, D. P. Kunčulija, N. I. Bekasova: Vysokomol. Soed. A 15 (1973) S. 1731.
[46] S. V. Vinogradova, A. V. Vasil'ev, V. A. Vasnev, L. V. Dubraina, V. V. Koršak: Izv. Akad. Nauk SSSR, Ser. chim. (1971) S. 1770.

[47] V. V. Koršak, M. M. Tepljakov, V. P. Čebotarev, V. A. Li, V. M. Kalinin: Izv. Akad. Nauk SSSR, Ser. chim. (1973) S. 1091.
[48] V. V. Koršak, E. A. Turtka, M. Sinjarska-Kapustinska, V. A. Vasnev, S. V. Vinogradova, S. A. Pavlova, A. V. Vasil'ev, L. V. Dubroniva: Vysokomol. Soed. B **16** (1974) S. 147.
[49] L. V. Dubrovina, S. A. Pavlova, V. A. Vasnev, S. V. Vinogradova, V. V. Koršak: Vysokomol. Soed. A **12** (1970) S. 1308.
[50] S. I. Kučanov: Vysokomol. Soed. B **16** (1974) S. 136.
[51] S. V. Vinogradova, V. V. Koršak: Usp. Chimii **39** (1970) S. 679.
[52] V. V. Koršak, S. V. Vinogradova, V. A. Vasnev, T. I. Mitajsvili, A. V. Vasil'ev: Dokl. Akad. Nauk SSSR **187** (1969) D. 1297.
[53] S. V. Vinogradova, T. I. Mitajšvili, V. A. Vasnev, V. V. Koršak, M. B. Melamud: Vysokomol. Soed. A **13** (1971) S. 912.
[54] S. V. Vinogradova, V. V. Koršak, L. I. Komarova, V. A. Vasnev, T. I. Mitajšvili: Vysokomol. Soed. A **14** (1972) S. 2591.
[55] V. V. Koršak, N. I. Bekasova, V. V. Vagin, A. A. Izyneev: Vysokomol. Soed. B **15** (1973) S. 6.
[56] V. V. Koršak, N. I. Bekasova, V. V. Vagin, A. A. Izyneev: Dokl. Akad. Nauk SSSR **210** (1973) S. 110.
[57] A. Gerber: J. Polym. Sci. Polym. Chem. Ed. **11** (1973) S. 1703.
[58] K. A. Andrianov: Dokl. Akad. Nauk SSSR **140** (1961) S. 1310.
[59] K. A. Andrianov, N. A. Kuraševa, B. D. Lavruchin, L. I. Kutnikova: Vysokomol. Soed. A **14** (1972) S. 2450.
[60] K. A. Andrianov, M. A. Sinjagina, N. P. Gasnikova: Izv. Akad. Nauk SSSR, Ser. chim. (1970) S. 1493.
[61] N. V. Karjakin, I. B. Rabinovič, V. V. Koršak, A. L. Rusanov, D. S. Tugusi, A. N. Močalov, V. N. Sapožnikov: Vysokomol. Soed. A **16** (1974) S. 691.
[62] E. Turska, S. Boryniec. L. Pietrzak: J. Appl. Polymer Sci. **18** (1974) S. 667.
[63] E. Turska, S. Boryniec, A. Dens: J. Appl. Polym. Sci. **18** (1974) S. 671.
[64] V. V. Koršak, V. A. Vasnev, S. V. Vinogradova, P. O. Okulevič, Ju. I. Perfil'ev: Dokl. Akad. Nauk SSSR **214** (1972) S. 1129.
[65] V. V. Koršak, S. V. Vinogradova, V. A. Vasnev, J. I. Perfilov, P. O. Okulevich: J. Polym. Sci., Polym. Chem. Ed. **11** (1973) S. 2209.
[66] G. Š. Papava, I. S. Chitarišvili, P. D. Ciskarišvili, K. A. Andrianov, V. V. Koršak, S. V. Vinogradova: Soobšč. AN Gruz. SSR **58** (1970) S. 341.
[67] P. A. Curnuck, M. E. B. Michael: Brit. Polym. J. **5** (1973) S. 21.
[68] V. V. Koršak, T. A. Babušina, V. A. Vasnev, S. V. Vinogradova, A. V. Vasil'ev, G. K. Semin: Izv.. Akad. Nauk SSSR, Ser. chim. (1970) S. 1921.
[69] H. Herlinger, H.-P. Hörner, F. Druschke, H. Knöll, F. Haiber: Angew. markomol. Chem. **29—30** (1973) S. 227.
[70] S. N. Char'kov, V. P. Kabanov, L. P. Grečižnikova: Vysokomol. Soed. A **15** (1974) S. 2045.
[71] S. V. Vinogradova, V. A. Vasnov, V. V. Koršak, A. V. Vasil'ev, L. V. Drbrovina: Vysokomol. Soed. A **13** (1971) S. 770.
[72] V. V. Korshak, S. V. Vinogradova, V. A. Vasnev, A. V. Vasilyev: Polym. Letters **10** (1972) S. 429.
[73] V. V. Koršak , S. V. Vinogradova, V. A. Vasnev, V. A. Vasil'ev, A. A. Askadskij,

T. A. Babuškina, G. L. Slonimskij, G. K. Semin, Ju. K. Godorskij, E. S. Obolonkova: Vysokomol. Soed. A 16 (1974) S. 291.
[74] V. V. Koršak, M. M. Tepljakov, V. A. Sergeev: Dokl. Akad. Nauk SSSR 208 (1973) S. 1360.
[75] V. V. Koršak, M. M. Tepljakov, V. A. Sergeev: Vysokomol. Soed. B 14 (1972) S. 800.
[76] V. V. Korshak, M. M. Telplyakov, V. P. Chebotaryev: Polym. Letters Ed. 11 (1973) S. 589.
[77] F. L. Hedberg, C. S. Marvel: Nuovo chim. 50 (1974) N3, S. 51.
[78] O. C. Lewis: Amer. Chem. Soc., Polym. Prepr. 14 (1973) S. 380.
[79] J. M. Williams, E. M. Wewerka, R. J. Imprescia: Amer. Chem. Soc. Polym. Prepr. 14 (1973) S. 425.
[80] A. Sindo: Usp. Chemii 42 (1973) S. 301.
[81] S. V. Vinogradova, Ja. S. Vygodskij: Usp. Chemii 42 (1973) S. 1225.
[82] S. V. Vinogradova, V. V. Koršak, S. N. Salazin, A. A. Kul'kov: Vysokomol. Soed. A 14 (1972) S. 2545.
[83] S. V. Vinogradova, A. S. Lebedeva, L. M. Gil'man: Vysokomol. Soed A 70 (1968) S. 1389.
[48] S. V. Vinogradova, Ja. S. Bygodskij, V. V. Koršak: Vysokomol. Ûoed. A 12 (1970) S. 1987.
[85] V. V. Koršak, A. V. Vinogradov, T. A. Zijad, G. M. Cejtlin, V. V. Rode: Vysokomol. Soed. B 14 (1972) S. 592.
[86] N. A. Adrova, M. I. Bessonov, L. A. Lajus, A. P. Rudakov: Polyamide — eine neue Klasse thermisch beständiger Polymere. Nauka, Leningrad 1968.
[87] M. M. Koton: Vysokomol. Soed. A. 15 (1973) S. 310.
[88] D. Sek, U. Gaik, Z. Jedlinski: Eur. Polym. J. 9 (1973) S. 593.
[89] J. Preston: Faserforsch. u. Textiltechn. 22 (1971) S. 153.
[90] V. V. Koršak: Thermisch beständige Polymere. Nauka, Moskau 1969, S. 211.
[91] V. V. Koršak, A. A. Izyneev, Ju. E. Dorgšenko, D. M. Magnonov: Dokl. Akad. Nauk SSSR 198 (1971) S. 841.
[92] V. V. Koršak, S. A. Petrova, Ju. E. Dorošenko, A. A. Izyneev, P. A. Nazarov: Dokl. Akad. Nauk. SSSR 214 (1974) S. 343.
[93] J. V. Duffy, J. M. Augl: Pat. USP 3 746 687 (1972/1973).
[94] C. S. Marvel: Pat. USP 3 736 299 (1971/1973).
[95] Y. Imai, H. Koga: J. Polym. Sci., Polym. Chem. Ed. 11 (1973) S. 289.
[96] V. V. Koršak, Ju. E. Doršenko, I. K. Charitonova: Dokl. Akad. Nauk SSSR 200 (1971) S. 114.
[97] V. V. Koršak, A. L. Rusanov, E. L. Baranov, C. G. Iremašvili, T. I. Betuašvili: Dokl. Akad. Nauk SSSR 196 (1971) Ŭ. 1357.
[98] A. Stoenciu: Materiale plastice 10 (1973) S. 422.
[99] V. V. Koršak, A. L. Rusanov, L. Ch. Plieva, E. L. Vulach: Dokl. Akad. Nauk SSSR 216 (1974) S. 1058.
[100] V. V. Koršak, S. V. Vinogradova, S. A. Siling: Vysokomol. Soed. B 15 (1973) S. 594.
[101] J. Szita, L. H. Brannigan, C. S. Marvel: J. Polym. Sci. A 1, 9 (1971) S. 691.
[102] M. M. Tessler: J. Polym. Sci., A 1 (1966) S. 2521. Polym. Prepr. 8 (1967) S. 152

[103] V. V. Koršak, Ju. E. Dorošenko, V. A. Chomutov, R. D. Fedorova: Dokl. Akad. Nauk SSSR **200** (1971) S. 1361.
[104] V. V. Koršak, Ju. E. Dorošenko, V. A. Chomutov: Vysokomol. Soed. A 15 (1973) S. 2020.
[105] K. A. Andrianov, V. S. Tichonov, I. Ju. Klement'ev: Vysokomol. Ooed. B **16** (1974) S. 67.
[106] K. A. Andrianov, N. A. Kuraševa, L. I. Kutejnikova, B. D. Lavruchin, E. D. Gurvic: Vysokomol. Soed. A **16** (1974) S. 1082.
[107] Y. Imai, H. Koga: J. Polym: Sci., Polym. Chem. Ed. **11** (1973) S. 2623.
[108] N. Kobayashi, A. Osawa, T. Fujisawa: J. Polym. Sci. Polym. Chem. Ed. 1 (1973) S. 553.
[109] G. Borissov, H. Sivziev: Eur. Polym. J. **9** (1973) S. 717.
[110] V. V. Koršak, S. V. Vinogradova, O. V. Vinogradova: Vysokomol. Soed. B **16** (1974) S. 274.
[111] S. V. Vinogradova, V. A. Vasnev, V. V. Koršak: Vysokomol. Ooed. B 13 (1971) S. 805.
[112] P. Nannell, B. P. Block, J. P. King, A. J. Saraceng, O. S. Sport, N. D. Peschko, G. H. Dehl: J. Polym. Sci., Polym. Chem. Ed. **11** (1973) S. 2691.
[113] C. E. Carraher: Makromol. Chem. **166** (1973) S. 31.
[114] E. E. Flagg, D. L. Schmidt: J. Polym. Chem. Ed. 10 (1972) S. 3492.
[115] C. Carraher, ju., P. Lessen: Eurp. Polym. J. **8** (1972) S. 1339.
[116] V. V. Koršak, I. G. Sarišvili, A. F. Žigač, M. V. Sobolevskij: Usp. Chemii **36** (1967) S. 2068.
[117] N. I. Bekasova, V. V. Koršak, L. G. Komarowa, S. V. Parasina: Vysokomol. Soed. B **15** (1973) S. 771.
[118] V. V. Koršak, N. I. Bekasova, M. P. Priggžina: Vysokomol. Ooed. B **15** (1973) S. 422.
[119] V. V. Koršak, D. P. Kunčulja, N. I. Bekasova: Vysokomol. Soed. A **15** (1973) S. 1731.
[120] V. V. Koršak, S. V. Vinogradova, A. I. Kalačev, P. M. Valackij, V. I. Stanko: Vysokomol. Soed. A **13** (1971) S. 848.

W. Sattler / H. Dawczynski / W. Weiß / H. Henkel / R. Wagner / H. Dittmann

Untersuchungen zum Fadenbildungsprozeß von Polyamidseide bei hohen Spinngeschwindigkeiten

1. Einleitung

Die Entwicklung von hochproduktiven Spinnverfahren zur Herstellung von Chemiefaserstoffen ist ein objektives Erfordernis der Chemiefaserstoffhersteller. In enger Zusammenarbeit mit dem Maschinenbau ist es in den letzten Jahren gelungen, neue wirtschaftliche Verfahren für die Herstellung von Syntheseseiden zu entwickeln, bei denen verschiedene Prozeßstufen zu einem kontinuierlichen Arbeitsgang unter Erhöhung der Arbeitsgeschwindigkeiten beim Spinn- und Aufwindeprozeß zusammengefaßt werden konnten.

Dabei gingen die Zielstellungen zur Herstellung von Syntheseseiden davon aus, mehrere Arbeitsgänge auf einer Maschine zu vereinen. Während bei den klassischen Verfahren zur Herstellung von Polyamidseide die Erspinnung und Reckung in getrennten Arbeitsgängen und auf getrennten Maschinen erfolgte, gelang es beim Spinn-Reck-Winde-Verfahren, diese beiden Verfahrensstufen in einem Arbeitsgang zu realisieren.

2. Schnellspinntechnologie

Die logische Fortsetzung dieses Verfahrens stellt das „Schnellspinnen“ dar, bei dem zusätzlich der Reckprozeß eingespart und die Abzugsgeschwindigkeit auf ein Vielfaches der Spinngeschwindigkeit des klassischen Verfahrens erhöht wird.

An der Maschine zur Erspinnung der Seide soll also keine definierte Reckzone zwischen mindestens 2 mit unterschiedlicher Geschwindigkeit umlaufenden und zur Gewährleistung der Recksicherheit mehrfach umschlungenen Walzen vorhanden sein, die die Spinn-Reck-Winde-Maschine (SRW-Maschine) kennzeichnet. Die erhaltene Seide soll weiterhin nicht unorientiert erhalten werden, wie das beim klassischen Verfahren der Fall ist, sondern vollständig oder teilorientiert. Parallel zu dieser Entwicklung verlief die Entwicklung der Recktexturierung, die zum gegenwärtigen Zeitpunkt unabdingbar für die Nachverarbeitung schnellgesponnener Syntheseseiden ist.

Die Vorteile des Schnellspinnprozesses mit anschließender Recktexturierung sind zusammengefaßt folgende:

- Erhöhung der Durchsatzsteigerung und damit der Mengenausbeute an der Spinnmaschine bei Spinngeschwindigkeiten bis 4000 m/min;

— Herstellung großer Spulkörper (bis 24 kg) und damit Erhöhung der Ablauflänge für den anschließenden Recktexturierprozeß (Arbeitsproduktivitätssteigerung);
— bessere Transportfestigkeit der SSW-Spule gegenüber der klassisch aufgewundenen Spinnspule;
— Einsparung von Galetten und deren Heizung gegenüber dem SRW-Verfahren;
— Wegfall der Reckzwirnmaschinen und damit Einsparung von Investitionen (Raum) und Arbeitskräften;
— Verbesserung der Qualität der Seide (u. a. bessere Gleichmäßigkeit).

Beim gegenwärtigen Stand der Technik wird das Schnellspinn-Winde(SSW)-Verfahren ausschließlich für die großtechnische Herstellung von Polyesterseide eingesetzt. Die Gründe dafür sind insbesondere in den andersartigen Eigenschaften des Polyamidmakromoleküls im Vergleich zum Polyäthylenterephthalat-makromolekül (PETP) zu suchen. Die Auswertung der Patent- und Fachliteratur zeigt, daß für die Beherrschung der Schnellspinntechnologie von Polyamidseide (PAS) noch wesentliche Kenntnisse über den Fadenbildungsprozeß bei hohen Spinngeschwindigkeiten fehlen. Im folgenden sollen dazu einige Ergebnisse dargelegt werden.

Die Fadenbildung vollzieht sich durch Verformung und Erstarrung des aus der Spinndüse austretenden Schmelzestrahls zum Faden, der auf die Spule aufgewickelt wird. Die Verformung erfolgt unter der Wirkung einer Zugspannung, die sich längs des Fadens ändert. Mit der Abkühlung des Fadens ändern sich jedoch seine Struktur und damit seine Verformungseigenschaften. Wesentliche Strukturparameter sind der Ordnungsgrad, z. B. charakterisiert durch die Dichte ϱ, und die Orientierung, z. B. charakterisiert durch die Doppelbrechung Δn. Es ist bekannt, daß bei der Erspinnung von PAS mit steigender Abzugsgeschwindigkeit die molekulare Orientierung des Fadens erhöht wird und damit eine Verringerung der Bruchdehnung einhergeht (Abb. 1 und 2).

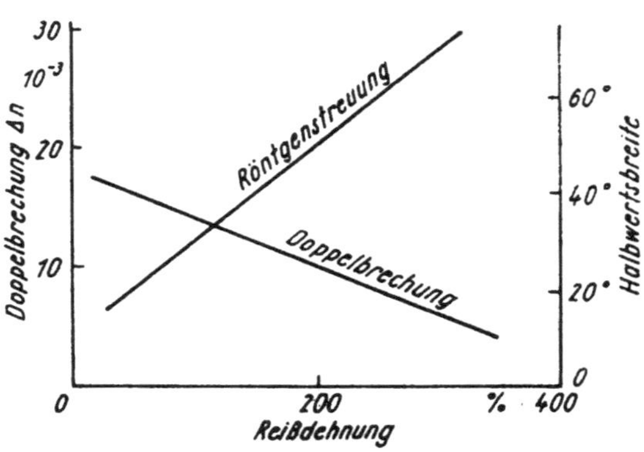

Abb. 1 Röntgenstreuung (Halbwertsbreite des Reflexes 001 der hexagonalen Struktur) und Doppelbrechung in Abhängigkeit von der Reißdehnung

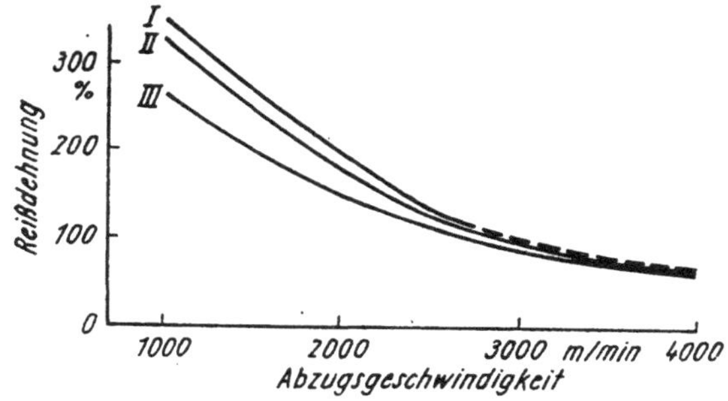

Abb. 2 Reißdehnung in Abhängigkeit von der Abzugsgeschwindigkeit für Fäden mit geringer (I), mittlerer (II) und hoher (III) Feinheit

Aus technologischer Sicht hat diese Erhöhung der molekularen Orientierung eine nachteilige und eine vorteilhafte Seite. Die nachteilige Seite besteht darin, daß der Mengengewinn bei der Herstellung einer bestimmten Feinheit nicht proportional mit der Abzugsgeschwindigkeit des Fadens ansteigt, also z. B. nicht 400% bei einer Steigerung von 1000 m/min auf 4000 m/min beträgt, sondern wesentlich langsamer erfolgt (Abb. 3). Darüber hinaus wächst mit steigender Orientierung des Fadens seine Anisotropie. Dies führt bei der Wasseraufnahme, beim Präparieren oder Klimatisieren zu erhöhten Längsquellungen. Daraus resultieren bestimmte technologische Schwierigkeiten bei der Seidenherstellung. Hieraus läßt sich jedoch die wesentliche Schlußfolgerung ableiten, daß Faserstoffe mit geringer Hydrophilie, wie Polyolefine und Polyester, besser als die Polyamidseide für das Schnellspinnen geeignet sind.

Die vorteilhafte Seite der Erhöhung der molekularen Orientierung des Fadens besteht darin, daß mit steigender Abzugsgeschwindigkeit ein teilgereckter oder

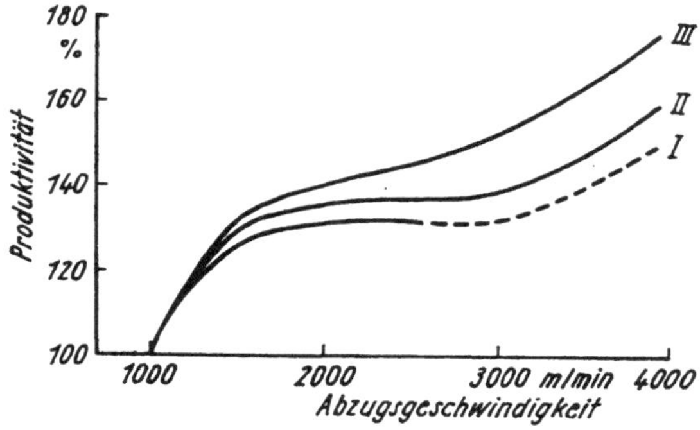

Abb. 3 Produktivität in Abhängigkeit von der Abzugsgeschwindigkeit (bezogen auf 1000 m/min) für Fäden mit geringer (I), mittlerer (II) und hoher (III) Feinheit

sogar ausgereckter Faden entsteht, so daß die getrennte Reckstufe, beim teilgereckten Faden in Verbindung mit einer Recktexturierung, eingespart werden kann.

3. Abhängigkeit der Orientierung im Faden von den Spinnbedingungen

Diese Darlegungen lassen erkennen, daß der Orientierungsprozeß das Kernstück des Fadenbildungsprozesses beim Schnellspinnen darstellt.

Die Orientierung des Fadens kann durch verschiedene Veränderungen sowohl im Polymerisat als auch in der Spinntechnologie beeinflußt werden. Die Fadenspannungskräfte haben dabei einen wesentlichen Einfluß auf die Orientierung des Fadens. Den Fadenspannungskräften zwischen Düse und erstem Anlaufpunkt der Seide, z. B. auf eine Scheibe oder Walze, kommt dabei eine wesentliche Bedeutung zu.

Für die Kraft $F(x)$ im Abstand x von der Düse kann folgender Ansatz gemacht werden:

$$\mathbf{F(x) = F(L) - \int_{x}^{L} \frac{\delta F_{aero}}{\delta x} \cdot dx.} \tag{1}$$

$F(L)$ ist die am Auflaufpunkt auf die Reibwalze herrschende Fadenzugkraft. Der zweite Summand in der Gleichung ist der Betrag der Reibungskraft des Fadens mit der umgebenden Luft zwischen den Punkten $x = x$ und $x = L$. Die Luftwiderstandskräfte spielen insbesondere bei hohen Abzugsgeschwindigkeiten eine vorherrschende Rolle.

Allerdings gibt es über den Einfluß des Luftwiderstandes stark kontroverse Ansichten. Während Ziabiecki [1] den Einfluß des Luftwiderstandes vernachlässigt, ordnen ihm z. B. Hamana [2] und Perepelkin [3] große Bedeutung zu. Nach Hamana hängt die Spannung infolge des Luftwiderstandes vom Fadendurchmesser D, der Abzugsgeschwindigkeit V_A und dem Spinnweg L nach folgender Beziehung ab:

$$\sigma = \mathrm{k} \cdot \mathrm{V_A^a} \cdot \mathrm{D^b} \cdot \mathrm{L} \tag{2}$$

Danach nimmt die Fadenspannung mit steigendem Spinnweg linear zu und erhöht sich stärker als linear mit der Abzugsgeschwindigkeit.

Mit zunehmendem Fadendurchmesser fällt die Fadenspannung stark ab. Damit beschreibt die Hamana-Gleichung (2) zunächst die in Abb. 4 dargelegten Abhängigkeiten qualitativ richtig.

Bei einer Anwendung der Gleichung (2) ist zu berücksichtigen, daß sie streng nur für den Fall eines monofilen Fadens mit konstantem Durchmesser gültig ist. Besonders bei der Erspinnung von polyfilen Fäden erhebt sich die Frage nach der Wechselwirkung der einzelnen Elementarfäden.

Nach unseren Abschätzungen treten Wechselwirkungen zwischen den Fäden bis

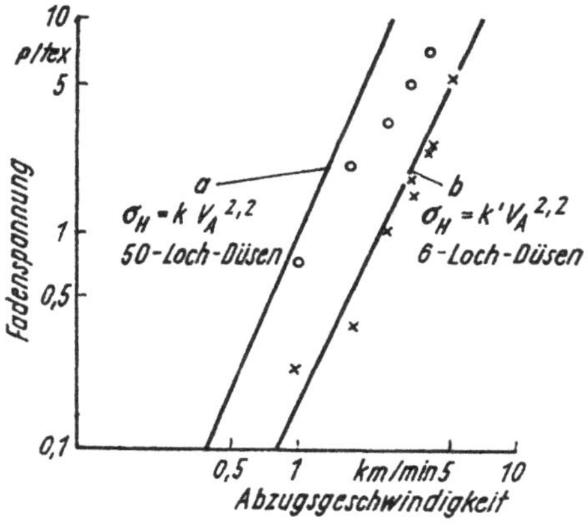

Abb. 4 Fadenspannung in Abhängigkeit von der Abzugsgeschwindigkeit

zu Abständen von 1 cm auf, da der vom Einzelfaden mitgenommene Luftstrom bis zu diesen Abständen wirksam werden kann. Es ist deshalb zu erwarten, daß die HAMANA-Gleichung die Ergebnisse beim Spinnen von Fäden mit wenigen Elementarfäden besser beschreibt als die mit hoher Elementarfadenzahl. In Abb. 4 sind die berechneten Ergebnisse (ausgezogene Geraden) den experimentellen Werten (Punkte) gegenübergestellt. Man erkennt, daß für die 6-Loch-Düse im Geschwindigkeitsbereich von 1000 m/min bis 7000 m/min eine ausgezeichnete Übereinstimmung zwischen berechneten und experimentellen Werten besteht. Dabei überrascht, daß offensichtlich bei Spinngeschwindigkeiten um 1000 m/min der Luftwiderstand für die Fadenspannung bestimmend ist.

Für die 50-Loch-Düsen liegen die experimentell ermittelten Spannungen mit steigender Abzugsgeschwindigkeit zunehmend unter den theoretischen Werten. Diese Abweichung läßt sich jedoch zwangslos als Kollektiveffekt deuten, so daß die Rolle des Luftwiderstandes bei hohen Abzugsgeschwindigkeiten eher untermauert als herabgemindert wird.

Die Bedeutung des Kollektiveffektes wurde durch weitere Versuche bestätigt. Fäden mit der Elementarfadenfeinheit 0,67 tex wurden mit einer Abzugsgeschwindigkeit von 4000 m/min jeweils aus einer 6-Loch-Düse und einer 12-Loch-Düse gesponnen. Die Fadenspannung betrug bei der 6-Loch-Düse 3,8 p/tex, während bei der 12-Loch-Düse nur 2,25 p/tex ermittelt wurden.

Von besondere Bedeutung ist die Lage des Konvergenzpunktes, also desjenigen Punktes, an dem die Elementarfäden zum polyfilen Faden vereinigt werden. Je näher dieser Konvergenzpunkt zur Düse hin verlagert wird, desto geringer ist die Fadenspannung. So sank die Fadenspannung durch Verlagerung des Konvergenzpunktes in dem Anblasschacht bei einem Faden von 2,5 tex (12), bei 4000 m/min aus einer 12-Loch-Düse gesponnen, von 9 p/tex auf 3,3 p/tex ab. Beim Spinnen eines Fadens von 10 tex (48) aus 12-Loch-Düsen mit Präparierung und Aufwindung (nahe der Düse) wurde jedoch wieder eine Aufwindespannung von 9 p/tex gemessen, obwohl vor der Präparierung eine Spannung von 3 p/tex vorlag. Offensichtlich wird die Fadenspannung beim Präparieren durch den vergrößerten Konvergenzwinkel stark erhöht.

Im weiteren Fadenverlauf wird die Spannung durch die Präparationseinrichtung und die Fadenleitelemente, wie Fadenführer, beeinflußt. Abb. 5 zeigt den Spannungsverlauf in Abhängigkeit von der Abzugsgeschwindigkeit an 3 verschiedenen Meßstellen. Man erkennt die starke Erhöhung der Fadenspannung durch die Präparierung.

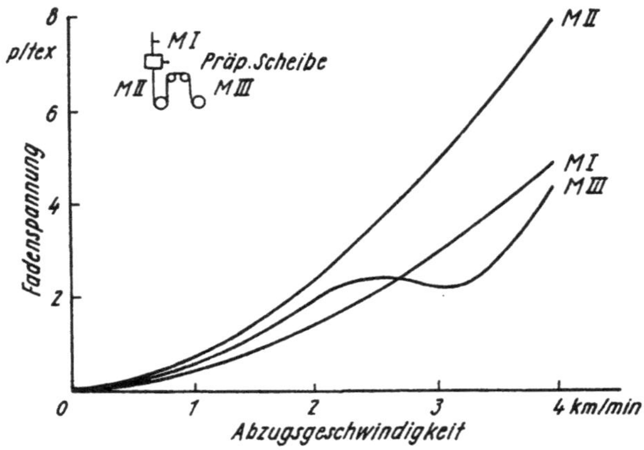

Abb. 5 Fadenspannung in Abhängigkeit von der Abzugsgeschwindigkeit an drei verschiedenen Meßstellen

Bei einer Betrachtung des gesamten Versuchsmaterials über den Einfluß der Präparierung läßt sich die Faustregel ableiten, daß die Präparierung in der vorliegenden Form die Fadenspannung im Bereich bis 4000 m/min Abzugsgeschwindigkeit verdoppelt.

Es wurde oben erwähnt, daß der Orientierungsprozeß das Kernstück des Fadenbildungsprozesses beim Schnellspinnen darstellt. Unter der Wirkung der Kraft $F(x)$ findet eine Dehnung und Orientierung des Fadens statt. Die Orientierung führt zu abnehmender Dehnbarkeit des Fadens (die Doppelbrechung Δn steigt, die Reißdehnung ε fällt). Es konnte nachgewiesen werden, daß hauptsächlich zwischen Düse und Präparierung die Orientierung des Fadens erzeugt wird.

Experimentell wurden im Abschnitt Düse—Präparationsscheibe 3 Zonen, gerechnet von der Düse aus, festgestellt. In Abb. 5 wird dargestellt, wie sich die Fadenzugkräfte beim Einsatz von Galetten verhalten. Dabei ist die Umfangsgeschwindigkeit in jedem Falle gleich. Es existiert, in Abhängigkeit von den jeweiligen Bedingungen, ein Bereich, indem die Fadenspannung durch Relaxation erheblich abgebaut wird. Im Beispiel nimmt oberhalb 2700 m/min die Fadenspannung sogar wieder ab trotz zunehmender Aufwindegeschwindigkeit. Diese Effekte sind insbesondere zur Regulierung der Aufwindespannung im Interesse optimaler Wickelgeometrie interessant.

In der 1. Zone liegt die Fadentemperatur noch weit oberhalb der Einfriertemperatur. In diesem Zustand findet eine vorwiegende viskose Verformung statt. Die noch hohe Beweglichkeit der Kettenmoleküle verhindert deren Orientierung. Im Bereich unterhalb der Düse ist die Luftreibungskraft noch gering.

Die zunehmende Abkühlung bewirkt den Übergang in die *2. Zone,* die durch die Bildung von Haftpunkten gekennzeichnet ist. Bei einer solchen Haftpunktstruktur ist die Verformung mit einer Orientierung der Kettenmoleküle gekoppelt. Im Bereich der Einfriertemperatur als Übergangsgebiet zwischen schmelzförmigen bzw. hochelastischem Zustand und glasartigem Zustand ist einerseits die Beweglichkeit der Kettenmoleküle noch groß genug, andererseits die Haftpunktstruktur schon genügend ausgebildet, um unter Wirkung einer mäßigen Kraft eine große Orientierung zu erzeugen. Es wird daher angenommen, daß die optimalen Orientierungsbedingungen, ausgedrückt als das Verhältnis von wirkender Kraft und Orientierungseffekt, im Bereich der Einfriertemperatur bestehen.

Nach der Netzwerktheorie [4] besteht ein Zusammenhang zwischen Dehnung und Orientierung. Für den Reckprozeß von PA 6 gilt die Beziehung von de Vries [5]

$$\Delta n = 0{,}1\left(1 - \frac{1}{\sqrt{1+\varepsilon}}\right) \approx 0{,}05\varepsilon, \qquad (3)$$

die die Doppelbrechung Δn des gereckten Fadens mit der Dehnung ε beim Reckprozeß verknüpft. Die lineare Proportionalität zwischen Δn und ε gilt für kleine Dehnungen.

In der 3. Zone liegt eine eingefrorene Fadenstruktur vor. Diese ist wegen der geringen Beweglichkeit der Kettenmoleküle nur relativ schwer verformbar. Die herrschende Kraft vermag die Orientierung in diesem Zustand nicht mehr wesentlich zu verbessern.

Aus den vorstehenden Modellbetrachtungen läßt sich die Hypothese ableiten, daß das Ausmaß der Orientierung im Spinnfeld wesentlich davon abhängt, wie hoch die am Fadenelement angreifende Spannung in dem Bereich ist, in dem die Einfriertemperatur durchlaufen wird. Wirkt in dieser Zone nur eine geringe Kraft, so fällt die Orientierung niedrig aus und umgekehrt.

Wird der noch weitgehend unorientierte, aber schon abgekühlte Faden einer hohen Spannung ausgesetzt, so besteht wegen der ungleichmäßigen Spannungsverteilung in der unorientierten Struktur die Gefahr von Elementarfadenbrüchen. Dieser Fall tritt ein, wenn die Abkühlung zu rasch erfolgt, bevor eine merkliche Luftreibungskraft vorhanden ist. Die Luftreibungskraft wirkt dann auf einen Faden mit einer schlecht orientierten, eingefrorenen Struktur zusammen. Für die

Auffassung über die Ursachen von Elementarfadenbrüchen im Schacht spricht die bei der Bearbeitung des SRW-Verfahrens am Laborextruder festgestellte schlechte Kaltreckbarkeit frischer, trockener Spinnseide. Die bei hohen Spinngeschwindigkeiten im freien Spinnfeld beobachtete scharfe Reckschulter könnte die Folge der Verformung eines abgekühlten Fadens unter hoher Kraft sein (Analogie zum Kaltrecken).

Bei hoher Belastung eines unorientierten, noch warmen Fadens ist eine große Verformung mit geringem Orientierungseffekt zu erwarten. Die Elementarfadenbruchgefahr dürfte gering sein.

Die vorgenannte Hypothese über die Abhängigkeit der Orientierung des Spinnfadens im Abschnitt Düse—Präparationsscheibe von der Zuordnung der Größen Kraft bzw. Spannung und Temperatur längs des Fadens zueinander ist durch Messung des Kraft-, Temperatur- und Doppelbrechungsverlaufes längs des Fadens experimentell überprüfbar.

4. Die Realisierung der Schnellspinntechnologie für Polyamidfäden

Es kann allgemein folgendes gesagt werden:

1. Zu hohe Fadenspannungen, verursacht durch zu hohe Fadenzugkräfte, führen zu Wickelformungen, also deformierte Spulenwickel.
2. Zu hohe Fadenspannung kann zur zusätzlichen Verformung an Reibeelementen, z. B. im Changierdreieck führen. Der Prozeß wird somit instabil. Daraus folgen schwankende textilphysikalische Werte der Fäden und insbesondere Ablaufschwierigkeiten bei der Verarbeitung.
3. Die Beherrschung der Fadenzugkräfte ist zur Ermittlung des technologischen Optimums unumgänglich. Dieses wird charakterisiert durch
   - die Konstanz des Prozesses,
   - die textilphysikalischen Parameter der Fäden wie Dehnung, Festigkeit und Gleichmäßigkeit,
   - die Verarbeitbarkeit.

Die Anwendung des SSW-Verfahrens wirft bei Polyamid 6, im Gegensatz zu Polyäthylenterephthalat, bei dem die Entwicklung wesentlich weiter fortgeschritten ist, komplizierte technologische und technische Probleme auf. Polyamidseide hat ein höheres Wasseraufnahmevermögen als Polyesterseide. Es tritt eine anisotrope Quellung auf, die zu einem Längenänderungsmaximum bei etwa 2000 m/min Abzugsgeschwindigkeit führt. Damit im Zusammenhang gibt es bei Abzugsgeschwindigkeit ab 1500 m/min bis zu einem bestimmten oberen Geschwindigkeitsbereich ganz erhebliche Schwierigkeiten bei der Beherrschung des Spulenaufbaus.

Auf die Lage des Verformungsbereiches reagiert der Faden aus Polyamidseide beim Schnellspinnen empfindlicher als Polyesterseide. Das Aufwinden ohne Galetten, eine technisch vorteilhafte Variante des Schnellspinnens, wird schwieriger lösbar. Nicht zuletzt ergeben sich aus der Lage der Einfriertemperatur bei Polyamidseide besondere Anforderungen an die Schachtlänge.

In Wertung all dieser bei Polyamidseide auftretenden technologischen Probleme betrachten wir jedoch nach dem bereits erreichten Entwicklungsstand das Schnellspinnen für Polyamidseide als lösbar. Dabei wird die erste Etappe der angestrebten großbetrieblichen Nutzung auf das technologische Zusammenfassen eines Spinn- und Teilreckprozesses gerichtet sein; die nach dem SSW-Verfahren hergestellte Polyamidfeinseide steht somit bevorzugt für die Recktexturierung zur Verfügung.

Der Übergang vom klassischen Spinnen und Recken zum Spinnreckwinde- bzw. Schnellspinnverfahren ermöglicht sehr erhebliche Erhöhungen der Arbeitsproduktivität, wesentliche Senkungen der direkt beeinflußbaren Kosten und des Energieverbrauches (Tab. 1 und 2) [6].

Der weiter ansteigende Bedarf an Polyamidfeinseide, die bereits verfügbaren und noch zu erwartenden Verfahrensfortschritte werden die Entwicklung der Polyamidfeinseidenproduktion bestimmen.

Tabelle 1
Kostensenkungen beim Spinn-Reck-Winde- und Schnellspinnverfahren [6]

Verfahrenscharakteristik	Einsparungen gegenüber dem klassischen Verfahren bei dem Sortiment 10 tex in %	
	Selbstkosten ohne Grundmaterial	Energieverbrauch
klassisches Verfahren Extruderspinnen, Reckzwirnen, Texturieren	—	—
Reckwinden Spinn-Reck-Winde-Verfahren bei 4 000 m/min Abzug, Texturieren	14	3,4
Schnellspinnen Schnellspinnverfahren bei 4 000 m/min Abzug, Recktexturierung nach dem Sequentialverfahren	24	22,4

Tabelle 2
Steigerung der Arbeitsproduktivität beim Spinn-Reck-Winde- und Schnellspinnverfahren [6]

Verfahren	Arbeitsproduktivität in % bezogen auf das klassische Verfahren bei den Sortimenten	
	5 tex	10 tex
klassisches Spinnen und Reckzwirnen	100	100
Spinn-Reck-Winde-Verfahren bei 4 000 m/min Abzug	220	310
Schnellspinnverfahren bei 4 000 m/min Abzug	350	400

Literatur

[1] Ziabiecki, A.: Mechanical aspects of fibre spinning process in molten polymers. Kolloid-Z. **175** (1961) S. 14 bis 27.

[2] Hamana, I.: Der Verlauf der Fadenbildung beim Schmelzspinnen. Lenzinger Ber., Lenzing/Österr. **26** (1968) S. 118 bis 132.

[3] Perepelkin, K. E.: Einige Gesetzmäßigkeiten des Mechanismus der Hydrodynamik des Spinnprozesses von Chemiefasern. Chim. Volokna (Chemiefaserstoffe), Moskva (1964) 3, S. 1—6; dt. in Sowj. Beitr. Faserforsch. u. Textiltechnik **1** (1964) S. 115—122.
Perepelkin, K. E.: Die wichtigsten dynamischen und kinematischen Gesetzmäßigkeiten der Erspinnung von Chemiefasern. Chim. Volokna (Chemiefaserstoffe), Moskva (1968) 1, S. 3—12; dt. in Sowj. Beitr. Faserforsch. u. Textiltechnik **5** (1968) S. 281—292.

[4] Stuart, H. A.: Die Physik der Hochpolymeren. Bd. IV. Berlin/Göttingen/Heidelberg: Springer 1956. S. 335 ff.

[5] de Vries, H.: The relation between birefringence and draw ratio of man-made fibers. J. Polymer Sci. **34** (1959) S. 761—778.

[6] Sattler, W., R. Maron, H. Dawczynski, und W. Weiss: Vortrag auf dem Chemiefaserstoffkolloquium in Moskau im Oktober 1974.
Barthel, P.: Vertrag auf dem III. Chemiefaser-Symposium in Balatonfüred/VR Ungarn im Mai 1975.

K. Dimov/J. Georgiev

Einfluß der Wechselwirkung von Polycaproamid und Polyäthylenterephthalat auf die Spinnfähigkeit ihrer Schmelzegemische

Auf dem Gebiete der Modifikation von Fasern und faserbildenden Polymeren bricht sich in den letzten Jahren eine neue Richtung Bahn, die Gewinnung von bikonstituenten Fasern (Fasern aus Polymergemischen). Ihrem Wesen nach ist dies eine Methode für physikalische Modifikation der Polymere. Eine strenge Klassifizierung in dieser Richtung jedoch ist schwierig, da beim Verarbeiten von Polymermischungen (hohe Temperaturen, mechanische Einwirkung) die Möglichkeit für eine chemische Wechselwirkung zwischen den einzelnen Komponenten nicht ausgeschlossen werden kann.

Für die Gewinnung bikonstituenter Fasern sind die Polyamid-Polyesterfasern mit Rücksicht auf eine optimale Kombinierung der Eigenschaften beider Komponenten [1 bis 11 u. a.] von besonderem Interesse. Bei der Verspinnung von Polyamid-Polyester-Schmelzedispersionen (speziell von Schmelzedispersionen aus Polycaproamid (PCA) und Polyäthylenterephthalat (PÄT) wird eine schroffe Verschlechterung der Spinnfähigkeit bei einem Gehalt an Polyesterkomponente oberhalb 10 Masse-% [1] beobachtet. Dies kommt durch heftiges Tröpfeln und Abrisse unmittelbar unter der Spinndüse zum Ausdruck. Die Ursachen für die Schwierigkeiten und Störungen beim Verspinnen der Polyamid- und Polyester-Schmelzedispersionen sind manche Autoren geneigt, nur in ihrer komplizierten Phasen- und Strukturmorphologie zu sehen, auf die an erster Stelle der Dispergiergrad des bikomponenten Systems einen Einfluß ausübt. Es mußte aber bemerkt werden, daß dies als eine einseitige Auslegung des Problems anzusehen ist. Die Befriedigung der hohen Anforderungen hinsichtlich Dispergiergrad und Gleichmäßigkeit der Vermischung wird in der Praxis durch intensive Verarbeitung im Schmelzezustand des mechanischen Gemisches beider Polymere bei hoher Temperatur in Mischvorrichtungen mit hoher Scherspannung erzielt. Die Bedingungen dieser gemeinsamen mechanischen und Thermobehandlung sind für den Verlauf eines Wechselwirkungsaustausches zwischen den beiden Polymeren [12 bis 16] günstig.

In der Fachliteratur fehlen Angaben über den Zusammenhang zwischen dem Wechselwirkungsaustausch und der Spinnfähigkeit der Schmelzedispersionen aus Polyamiden und Polyestern und genügend effektive Methoden für die Verbesserung der Spinnfähigkeit bei der Gewinnung von Polyamid-Polyester-Bikonstituentfasern. Manche Autoren weisen auf die prinzipielle Möglichkeit für den Verlauf von Austauschreaktionen in den Bedingungen der Gewinnung bikonstituenter Fasern aus Polyamid (PA) und Polyestern (PE) [1, 7] hin. Sie verbinden jedoch die Austauschreaktionen nur mit der Änderung in ungewünschter Richtung von einer Reihe positiver Eigenschaften der beiden Polymeren, und infolgedessen auch der bikonstituenten Fasern. In diesem Sinne schlagen sie [7] die Durchführung einer zusätzlichen Blockierung der endständigen Aminogruppen des Polyamids mit Rücksicht auf eine Beschränkung der Möglichkeit für Austauschverlauf vor. Aus praktischem Standpunkt erwies sich aber diese Methode als nicht effektiv [1].

Auf Grund des oben Dargelegten kann gesagt werden, daß die Eigenschaften des Kompositionsprodukts, seine Spinnfähigkeit und die Eigenschaften der anfallenden bikonstituenten Polyamid-Polyesterfasern bei sonst gleichen anderen Bedingungen durch den Dispergiergrad und die Tiefe des verlaufenden Wechselwirkungsaustausches zu bestimmen sein werden.

Die Wahrscheinlichkeit, daß die Bedingungen einer gemeinsamen mechanischen und Thermobehandlung, welche die Gewinnung von Schmelzedispersion mit optimalem Dispergiergrad gewährleistet, auch den Optimalgrad des Wechselwirkungsaustausches sichert, ist klein. Infolgedessen wird das Problem für die Überwindung der Schwierigkeiten bei Verspinnung von Polyamid-Polyesterschmelzedispersionen auf die Realisierung einer kontrollierbaren Einwirkung auf den Wechselwirkungsaustausch zurückgeführt, wodurch die Erzielung einer maximalen Verträglichkeit gesichert werden könnte. Auf diesem Gebiet wurden die von uns vorgenommenen Untersuchungen durchgeführt, die in vorliegender Abhandlung zur Diskussion gelangen.

Als Ausgangsprodukt wurden benutzt: PCA „Widlon"-extrahiertes, nichtmattiertes Granulat mit einer rel. Viskosität (1%ige Lösung in 95,6%iger Schwefelsäure bei 20°C) von 2,60, Gehalt an niedermolekularen Fraktionen 0,8 Masse-%, Aminoendgruppengehalt $2{,}34 \cdot 10^{-5}$ g Äqu/g, Carboxylendgruppengehalt $3{,}20 \cdot 10^{-5}$ g Äqu/g, Schmelztemperatur (T_{schm}) (nach DTA) 498 K; PÄT — „Jambolen" — getrocknetes, nichtmattiertes Granulat mit einer rel. Viskosität (0,5%ige Lösungen in m-Kresol, bei 20°C) von 1,60, Carboxylgruppengehalt $3{,}70 \cdot 10^{-5}$ g Äqu/g, Schmelztemperatur (nach DTA) 538 K. Die Kompositionsprodukte wurden im Laborautoklaven mit Rührer (30 U/min) bei 548 K (275°C) und bei Dauer der gemeinsamen Thermobehandlung 0 bis 480 min, Ausgangsverhältnisse beider Polymere (PCA : PÄT) (Masse-%) = 90 : 10, 80 : 20, 70 : 30, 60 : 40, 50 : 50, 40 : 60, 30 : 70, 20 : 80, 10 : 90 hergestellt.

Zuerst werden wir das thermographische Bild des Wechselwirkungsaustausches, das uns die Differentialthermoanalyse (DTA) (Abb. 1) vermittelt, erörtern. Die DTA-Kurven (System PCA/PÄT 40/60) sind auf dem Bilde von oben nach unten in der Reihenfolge der Steigerung der Thermobehandlungsdauer geordnet.

Die Kurve 1 ist die differentialthermische Kurve des mechanischen Gemisches beider Polymere (Thermobehandlungszeit 0 min). Auf dem Thermogramm gibt es entsprechend den Schmelzpunkten der Komponenten zwei endotherme Schmelzpeaks bei 498 K und 538 K. Mit Verlängerung der Thermobehandlungszeit ver-

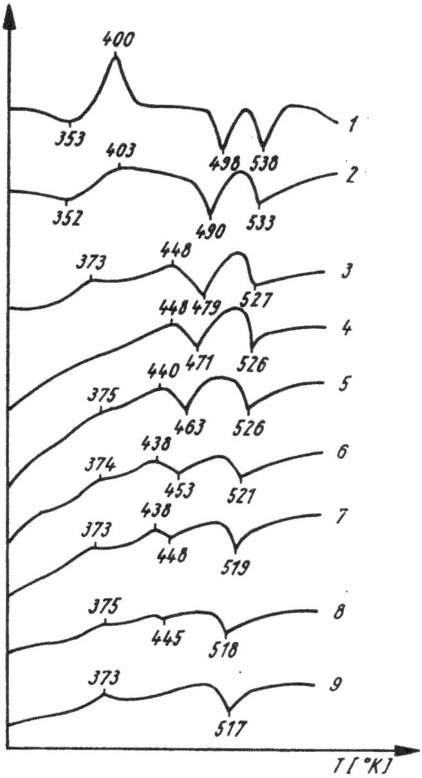

Abb. 1 DTA der Kompositionsprodukte aus PCA und PÄT (40 : 60 Masse-%), erhalten bei 548 K (275 °C) bei unterschiedlicher Thermobehandlungsdauer (min): 0 (Kurve 1), 30 (Kurve 2), 60 (Kurve 3), 90 (Kurve 4), 120 (Kurve 5), 180 (Kurve 6), 240 (Kurve 7), 300 (Kurve 8), 480 (Kurve 9)

schieben sich die beiden endothermen Peaks allmählich zu den niedrigeren Temperaturen, wobei sie nach einer bestimmten Zeit ineinander übergehen.

Aus den Untersuchungen von Koršak und Mitarbeiter ist bekannt, daß bei gemeinsamen Schmelzen von zwei heterokettigen Polymeren eine Wechselwirkung auftritt, wobei sich das System in die Richtung: mechanisches Gemisch aus den beiden Homopolymeren-Blockcopolymer-statistisches Copolymer bewegt. In dieser Richtung erniedrigt sich auch die Schmelztemperatur des Produkts. Diese Tatsache ist bekannt. Die DTA-Kurven aber geben uns Möglichkeit, konkretere Schlußfolgerungen zu ziehen. Das Vorhandensein zweier Schmelzpeaks in dem fast ganzen Existenzintervall des Blockcopolymeren gibt uns Anlaß anzunehmen, daß in der Anfangsetappe des Wechselwirkungsaustausches zwei Blockcopolymertypen entstehen: Blockpolyesteramid, enthaltend einen Überschuß an Caproamidgliedern (niederschmelzendes Blockpolyesteramid) und Blockpolyesteramid mit einem Überschuß an Äthylenterephthalatgliedern (hochschmelzzendes Blockpolyesteramid).

Um dies direkt nachweisen zu können, benutzten wir die bekannte Tatsache, daß die konzentrierte (85%ige) Ameisensäure ausgezeichnet das PCA zu lösen vermag (demnach dürfte sie auch das niederschmelzende Polyesteramid lösen können), nicht aber das PÄT. Wir extrahierten die Produkte aus dem Wechselwirkungsaustausch zwischen dem PCA und PÄT mit 85%iger Ameisensäure, woraufhin wir die extrahierten Produkte (die ungelösten Reste) einer neuerlichen Differentialthermoanalyse unterworfen haben und den Gehalt des darin gebundenen Stickstoffs bestimmten. Die differential-thermischen Kurven (Abb. 2) beschreiben nur einen endothermen Schmelzpeak, der im allgemeinen mit dem Hochtemperaturschmelzpeak des Produktes vor der Extraktion zusammenfällt. Das Vorhandensein von gebundenem Stickstoff in den Produkten nach der Extraktion zeigt, daß sie tatsächlich Polyesteramide (Abb. 3) sind.

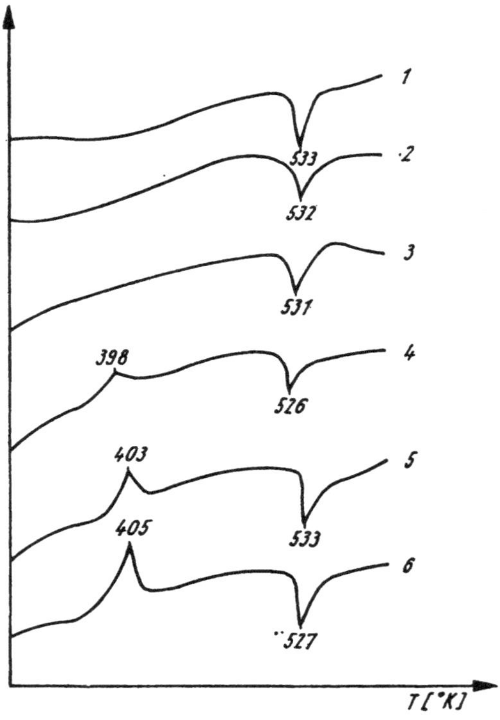

Abb. 2 DTA nach Extraktion mit 85%iger Ameisensäure der Kompositionsprodukte aus PCA und PÄT, erhalten bei 540 K (275 °C), 180 min, bei Ausgangsmischverhältnis (PCA : PÄT Masse-%) : 70 : 30 (Kurve 1), 60 : 40 (Kurve 2), 50 : 50 (Kurve 3), 40 : 60 (Kurve 4), 30 : 70 (Kurve 5), 20 : 80 (Kurve 6)

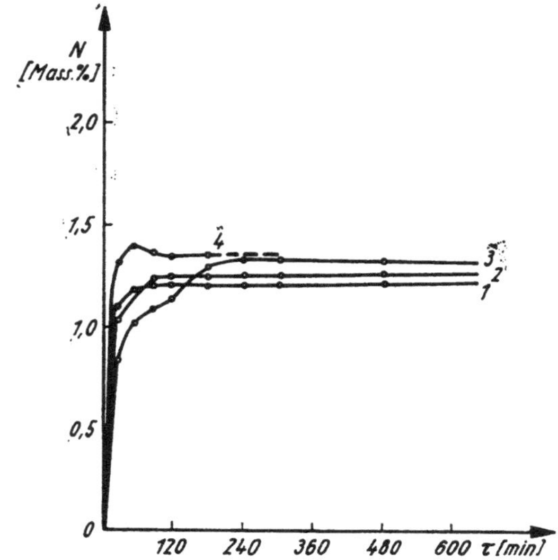

Abb. 3 Abhängigkeit des Stickstoffgehaltes der Kompositionsprodukte aus PCA und PÄT nach Extraktion mit 85%iger Ameisensäure von der Zeit der Thermobehandlung, erhalten bei 548 K (275 °C), beim Ausgangsmischverhältnis (PCA : PÄT — Masse-%): 70 : 30 (Kurve 1), 60 : 40 (Kurve 2), 50 : 50 (Kurve 3), 40 : 60 (Kurve 4)

Auf welcher Basis ist das Entstehen von zwei Blockpolyesteramidtypen zu erklären? Um diese Frage beantworten zu können ist es notwendig den Austauschprozeß im Zusammenhang mit dem physikalischen Zustand des Gemisches zu betrachten.

Das Polycaproamid und das Polyäthylenterephthalat zeigen Unverträglichkeit im ganzen von uns untersuchten Verhältnisintervall. Die Schmelzegemische aus PCA und PÄT stellen disperse Systeme dar, in welchen, in Abhängigkeit von den Mischungsverhältnissen der beiden Komponenten, die eine das Dispersionsmedium, und die andere die disperse Phase ist. Infolgedessen verlaufen die Austauschreaktionen zwischen PCA und PÄT in einer Schmelzedispersion, was eine Reihe ihrer charakteristischen Besonderheiten bedingt. Die Geschwindigkeit und die Richtung der Austauschreaktionen werden bei sonst gleichen anderen Bedingungen von der Größe der Kontaktfläche zwischen den beiden Phasen und auch davon, welche der beiden Systemkomponenten die „äußere" und welche die „innere" Phase darstellt, abhängen. Unter Berücksichtigung dieser Erwägungen für den Wechselwirkungsaustausch als eine Gesamtheit von Reaktionen zwischen dem dispersen Medium und der dispersen Phase in der Schmelzedispersion der beiden Homopolymeren, kann folgendes Schema des Wechselwirkungsaustausches in den Polyamid-Polyestersystemen (speziell im System PCA-PÄT) angenommen werden:

1. Wechselwirkungsaustausch in Schmelzedispersionen aus PCA-PÄT, mit

einem Überschuß an Polycaproamidkomponente (PCA : PÄT = 90 : 10 bis 50 : 50).

In diesen Fällen wird der Wechselwirkungsaustausch an der Grenzfläche zwischen den Aggregaten aus Polyestermakromolekülen einerseits (disperse Phase) und der sie umschließenden kontinuierlichen Phase der Polycaproamidmakromoleküle (Dispersionsmedium) erfolgen. Vorherrschend wird der Angriffsprozeß der Polyestermoleküle aus den aktiven PCA-Endgruppen (Aminolyse und Acidolyse der Esterbindungen) und der Umverteilungsprozeß der abgespaltenen Polyesterblöcke im Volumen des Dispersionsmediums sein. Es wird dabei hauptsächlich das niederschmelzende Blockpolyesteramid entstehen. Eine Bestätigung des Obigen sind die Abhängigkeiten „Schmelzpunkt-Thermobehandlungszeit" für die Mischungsverhältnisse PCA-PÄT = 90 : 10 bis 50 : 50 (Abb. 4, 5, 6). Die angeführten Kurvenbilder enthalten für jedes Ausgangsverhältnis zwischen PCA und PÄT zwei Kurven mit der gleichen Nummer. Die obere Kurve drückt die Abhängigkeit der Schmelztemperatur des hochschmelzenden Blockpolyesteramids von der Thermobehandlungszeit aus (die Werte sind aus dem Hochtemperatur-Schmelzpeak der jeweiligen Thermogramme entnommen), und die untere — die Abhängigkeit

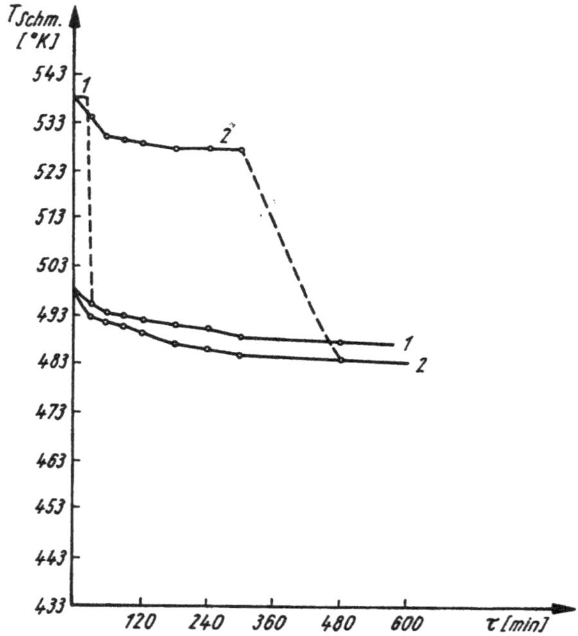

Abb. 4 Abhängigkeit der Schmelztemperaturen nach DTA (T_{schm}) von der Zeit der Thermobehandlung (t) der Kompositionsprodukte aus PCA und PÄT, erhalten bei 548 K (275 °C), beim Ausgangsmischverhältnis (PCA : PÄT — Masse-%): 90 : 10 (Kurve 1), 80 : 20 (Kurve 2)

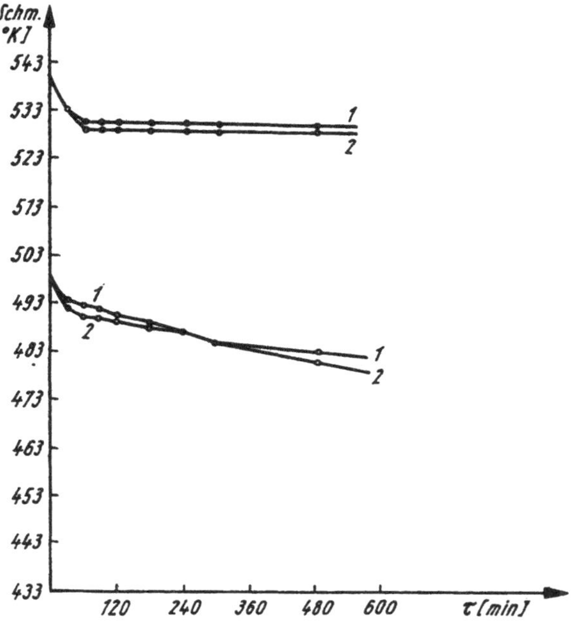

Abb. 5 Abhängigkeit der Schmelztemperaturen nach DTA (T_{schm}) von der Dauer der Thermobehandlungszeit (t) der Kompositionsprodukte aus PCA und PÄT, erhalten bei 548 K (275 °C), bei Ausgangsmischverhältnis (PCA : PÄT — Masse-%) : 70 : 30 (Kurve 1), 60 : 40 (Kurve 2)

des niederschmelzenden Blockpolyesteramids von der Thermobehandlungszeit (die Werte wurden aus dem Niedertemperatur-Schmelzpeak der DTA-Kurven entnommen. Es ist zu ersehen, daß nach der anfänglich schnellen Senkung der Schmelztemperaturen des Zweikomponentengemisches, die Schmelztemperatur des niederschmelzenden Blockpolyesteramids weiter absinkt, während die Schmelztemperaturen des hochschmelzenden Blockpolyesteramids fast konstant bleiben. Parallel damit nimmt die Löslichkeit der Produkte in 85%iger Ameisensäure zu (Abb. 7). Demzufolge setzt sich, nachdem anfangs an der Grenzfläche zwischen Dispersionsmedium und Dispersionsphase zwei Blockpolyesteramidtypen gebildet werden, der Austauschprozeß fort, und zwar hauptsächlich auf dem Wege der Bildung von niederschmelzendem Blockpolyesteramid mit allmählicher „Assimilation" der dispersen Phase durch das disperse Medium.

2. Wechselwirkungsaustausch in Schmelzedispersionen aus PCA und PÄT mit Überschuß an Polyesterkomponente (PCA : PÄT = 40 : 60 bis 10 : 90).

In diesen Fällen verläuft der Wechselwirkungsaustausch an der Grenzfläche zwischen den Aggregaten aus Polyamidmakromolekülen einerseits (disperse Phase) und der sie umschließenden kontinuierlichen Phase aus Polyäthylenterephthalat-

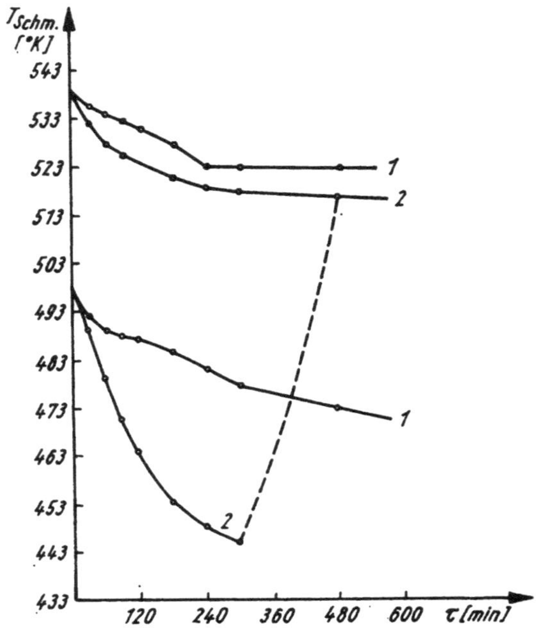

Abb. 6 Abhängigkeit der Schmelztemperatur nach DTA (T_{schm}) von der Zeit der Thermobehandlung (t) der Kompositionsprodukte aus PCA und PÄT, erhalten bei 548 K (275 °C), bei Ausgangsmischverhältnis (PCA : PÄT — Masse-%): 50 : 50 (Kurve 1), 40 : 60 (Kurve 2)

makromolekülen andererseits (Dispersionsmedium). Hier wäre ein vorwiegender Angriff der Polycaproamidmakromoleküle durch die aktiven PÄT-Gruppen (Acidolyse der Amidbindungen) und Umverteilung der abgespaltenen Polyamidblöcke im Volumen des Dispersionsmediums zu erwarten. Dabei wird hauptsächlich das hochschmelzende Blockpolyesteramid entstehen. Tatsächlich ist aus Abb. 8 ersichtlich, daß sich zum Unterschied von den Mischungsverhältnissen, bei denen die Polycaproamidkomponente vorherrschend ist, in diesem Falle der Schmelzpunkt des hochschmelzenden Blockpolyesteramids im ganzen untersuchten Zeitintervall der Thermobehandlung 0 bis 480 min erniedrigt. Parallel damit sinkt aber schnell auch der Schmelzpunkt des niederschmelzenden Blockpolyesteramids. Infolgedessen erfolgt neben den Bildungsprozessen von dem hochschmelzenden Blockpolyesteramid auch intensive Bildung von niederschmelzendem Blockpolyesteramid. Die Erklärung dieser Tatsache kann in der größeren Aktivität der PCA-Endgruppen (Amino- und Carboxylgruppen) in bezug auf die Esterbindungen und der größeren Menge an aktiven Endgruppen im PCA im Vergleich mit PÄT gesucht werden.

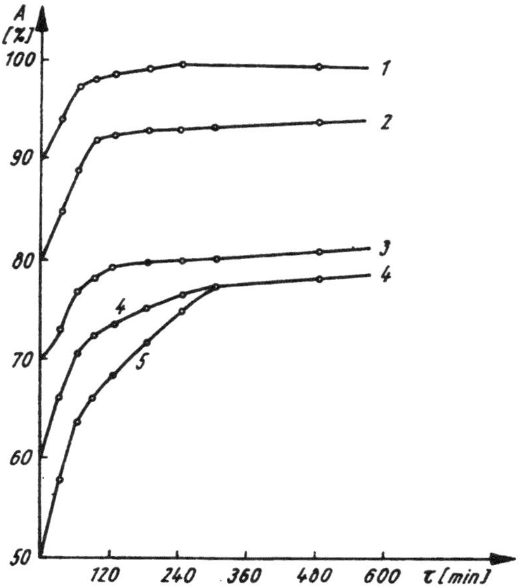

Abb. 7 Abhängigkeit der Löslichkeit in 85%iger Ameisensäure (A%) von der Zeit der Thermobehandlung (t) der Kompositionsprodukte aus PCA und PÄT, erhalten bei 548 K (275 °C), bei Ausgangsmischverhältnis (PCA : PÄT — Masse-%): 90 : 10 (Kurve 1), 80 : 20 (Kurve 2), 70 : 30 (Kurve 3), 60 : 40 (Kurve 4), 50 : 50 (Kurve 5)

Die Löslichkeit der Produkte mit überwiegender Polyesterkomponente in 85%iger Ameisensäure (Abb. 9 und 10) vermindert sich anfänglich und nach einer bestimmten Thermobehandlungszeit (90 bis 120 min) beginnt sie zu steigen. Es ist unlogisch anzunehmen, daß im Intervall von 0 bis 120 min hauptsächlich das hochschmelzende Blockpolyesteramid (unlöslich in Ameisensäure) gebildet wird und nach einer Thermobehandlungszeit über 120 min das Niederschmelzende (in Ameisensäure löslich) entsteht. Es wäre richtiger anzunehmen, daß vorzugsweise die Bildung des hochschmelzenden Blockpolyesteramids erfolgt und danach mit Fortschreiten des Wechselwirkungsaustausches eine Verbreiterung der Masseverteilung nach Menge und Länge der Blöcke, getrennt für jedes der beiden Blockpolyesteramide zu erwarten wäre (wenn wir eine solche Bezeichnung analog zur Molmassenverteilung der Polymere einführen können). Es ist wahrscheinlich, daß sich dabei, über einen bestimmten Grad des Wechselwirkungsaustausches im hochschmelzenden Blockpolyesteramid eine in 85%iger Ameisensäure lösliche Fraktion anhäuft (Fraktion mit erhöhtem Caproamidglieder-Gehalt).

Die Geschwindigkeit des Wechselwirkungsaustausches wird bei sonst gleichen anderen Bedingungen, von der Verträglichkeit zwischen Dispersionsmedium und disperser Phase abhängen. Wenn wir andererseits von allgemeinen Vorstellungen ausgehen, wäre zu erwarten, daß die in der Anfangsetappe des Wechselwirkungs-

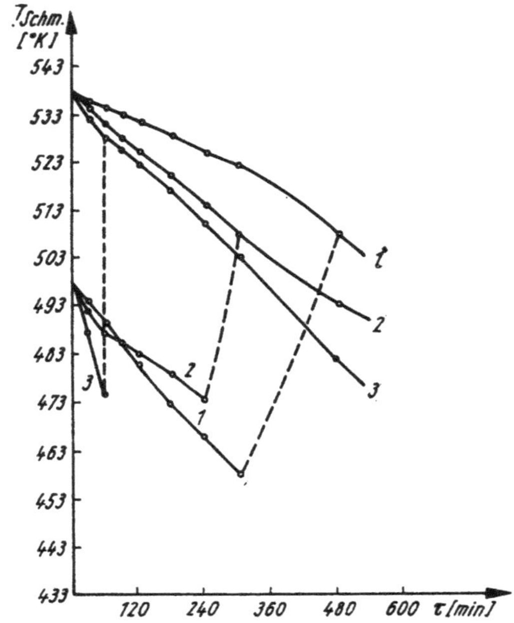

Abb. 8 Abhängigkeit der Schmelztemperaturen nach DTA (T_{schm} von der Zeit der Thermobehandlung der Kompositionsprodukte aus PCA und PÄT, erhalten bei 548 K (275 °C), bei Ausgangsmischverhältnis (PCA : PÄT — Masse-%): 30 : 70 (Kurve 1), 20 : 80 (Kurve 2), 10 : 90 (Kurve 3)

austausches entstandenen zwei Blockpolyesteramidtypen eine höhere Verträglichkeit miteinander im Vergleich mit den Ausgang-PCA und PÄT haben werden (die beiden Blockpolyesteramide enthalten gleichzeitig Caproamid- und Äthylenterephthalatglieder bzw. Blöcke, jedoch im unterschiedlichen Verhältnis). Wir untersuchten die Verträglichkeit in den Polyamid-Polyester-Kompositionsprodukten im Zuge des Wechselwirkungsaustausches nach der kinetischen Beständigkeit ihrer 3%igen Lösungen im Phenol-Tetrachloräthan (1:1 Masse-T.) nach der Methode von Dobry und Boyer Kowenski [17] (Abb. 11). Der Kurvenverlauf zeigt, daß höchste Verträglichkeit bei den Endverhältnissen zu beobachten ist, wobei die Produkte mit überwiegender PÄT-Menge eine höhere kinetische Beständigkeit als die entsprechenden Produkte mit überwiegendem Anteil an Polycaproamidkomponente aufweisen. Bei der Verlängerung der Thermobehandlungszeit, d. h. bei Erhöhung des Wechselwirkungsaustauschgrades nimmt die kinetische Beständigkeit der Lösungen der Polyamid-Polyester-Kompositionsprodukte zu. Näherungsweise können wir annehmen, daß sich auch die Verträglichkeit zwischen den beiden Blockpolyesteramidtypen im kondensierten Zustand (Schmelze, fester Zustand) auf dieselbe Art und Weise ändert. Dieser Zusammenhang eben (Austausch-Verträglichkeit)

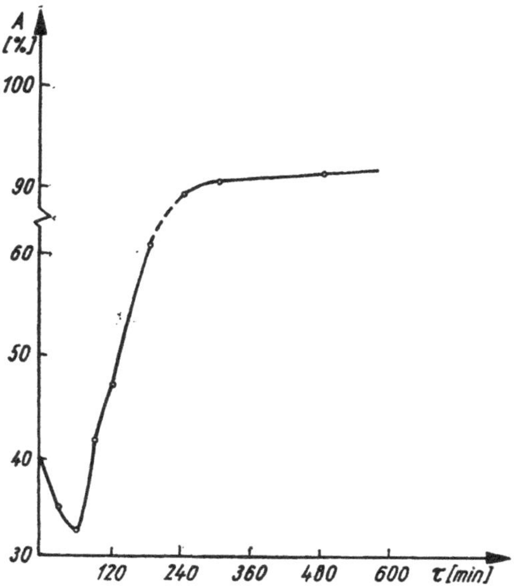

Abb. 9 Abhängigkeit der Löslichkeit in 85%iger Ameisensäure (A%) von der Zeit der Thermobehandlung (t) der Kompositionsprodukte aus PCA und PÄT, erhalten bei 548 K (275 °C), bei Ausgangsmischverhältnis PCA : PÄT = 40 : 60 Masse-%

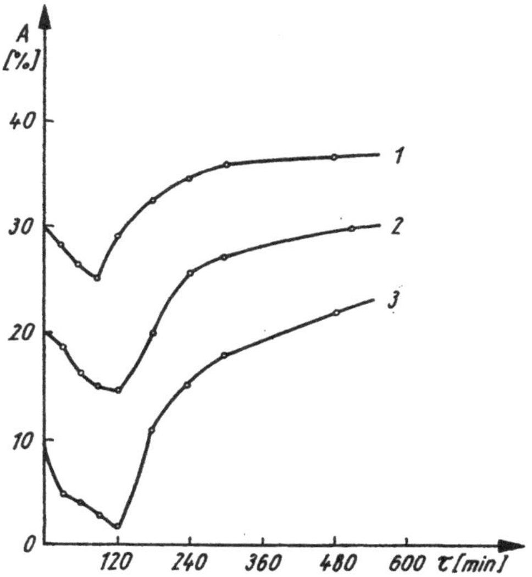

Abb. 10 Abhängigkeit der Löslichkeit in 85%iger Ameisensäure (A%) von der Zeit der Thermobehandlung (t) der Kompositionsprodukte aus PCA und PÄT, erhalten bei 548 K (275 °C), bei Ausgangsmischverhältnis (PCA : PÄT — Masse-%): 30 : 70 (Kurve 1), 20 : 80 (Kurve 2), 20 : 90 (Kurve 3)

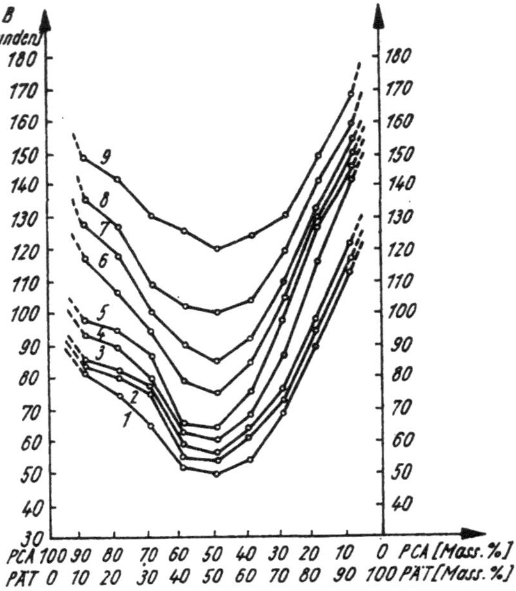

Abb. 11 Abhängigkeit der Schichtungszeit (B) der 3%igen Lösungen in Phenol-Tetrachloräthan (1 : 1) von dem Ausgangsverhältnis (PCA : PÄT — Masse-%) der Kompositionsprodukte aus PCA und PÄT, erhalten bei 548 K (275 °C), bei Thermobehandlungsdauer (min): 0 (Kurve 1), 30 (Kurve 2), 60 (Kurve 3), 90 (Kurve 4), 120 (Kurve 5), 180 (Kurve 6), 240 (Kurve 7), 300 (Kurve 8), 480 (Kurve 9)

gibt uns Grund von einem optimalen Grad des Wechselwirkungsaustausches bei der Gewinnung von Polyamid-Polyester-bikonstituenten Faser zu sprechen, und zwar sofern sich einerseits bei Vertiefung des Wechselwirkungsaustausches die Verträglichkeit im System Polyamid-Polyester verbessert, andererseits sich aber eine Reihe anderer Kennwerte, darunter auch der rein technologische Kennwert „Spinnfähigkeit" verschlechtert.

Unsere Untersuchungen zeigten, daß bei der Herstellung von bikonstituenten Fasern aus PCA und PÄT der Wechselwirkungsaustausch diesen Optimalgrad übertrifft, was die Frage für eine Inhibierung der Austauschreaktionen aktuell macht. Auf diesem Gebiet gibt es in der Literatur fast keine Publikationen. Unser Gedanke war folgender: der Wechselwirkungsaustausch in Polyamid-Polyesterschmelzedispersionen erfolgt durch Einwirkung der end- Amino- und Carboxylgruppen auf die Ester- resp. Amidbindungen, und auch durch direkten Austausch „Amid-Ester". Dabei müßte man vor Augen haben, daß bei gemeinsamer Thermobehandlung der beiden Polymere auch thermische Abbauprozesse ablaufen, wobei sich niedermolekulare Produkte abtrennen, welche den Austausch beschleunigen. Auf dieser Basis könnte angenommen werden, daß die Zugabe von Thermostabilisatoren eine Verminderung der Geschwindigkeit der Austauschreaktionen herbeiführen würde. Wir haben die Wirkung von zwei Thermostabilisatoren überprüft. Auf Abb. 12 ist die Kurve der Schmelztemperaturänderung, entsprechend des niederschmelzenden (T_{PCA}) Blockpolyesteramids in Abhängigkeit von der Thermobehandlungszeit der Polyamid-Polyesterkompositionsprodukte bei 558 K (285 °C) dargestellt. Es ist daraus ersichtlich, daß die Schmelztemperaturen der in Anwesenheit von Thermostabilisatoren anfallenden Produkte sich im Laufe der Thermobehandlung langsamer erniedrigen im Vergleich mit denjenigen der ohne Zusatz erhaltenen Produkte. Diese Ergebnisse bestätigen unsere Vorstellung für den inhibierenden Effekt der Thermostabilisatoren auf den Wechselwirkungsaustausch in Polyamid-Polyesterschmelzedispersionen.

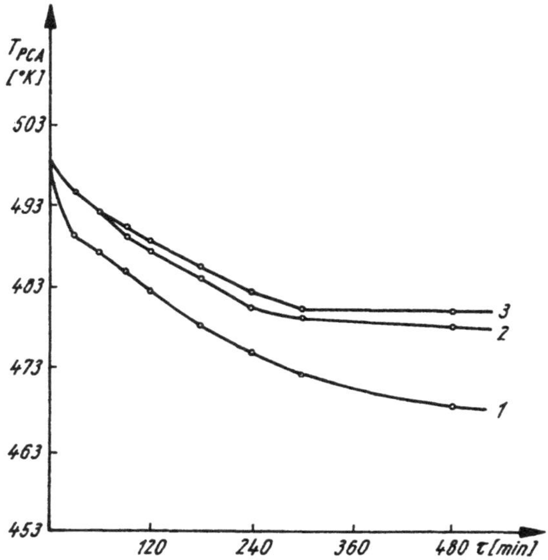

Abb. 12 Abhängigkeit der Schmelztemperatur des niederschmelzenden Blockpolyesteramids nach der DTA (T_{pca}) von der Zeit der Thermobehandlung (t) der Kompositionsprodukte aus PCA und PÄT, erhalten bei 558 K (285 °C) bei Ausgangsmischverhältnis PCA : PÄT = 60 : 40 Masse-% Thermostabilität ohne Zusatz (Kurve 1) und in Anwesenheit von Thermostabilisatoren (Kurve 1 und 2)

Wenn eine der Ursachen für die Schwierigkeiten bei der Verspinnung von Polyamid-Polyesterschmelzedispersionen der Wechselwirkungsaustausch zwischen dem Polyamid und dem Polyester sein sollte, so könnte man auf dem Wege seiner Inhibierung die Spinnfähigkeit dieser Dispersionssysteme verbessern. Wir haben deshalb in unseren Untersuchungen die festgestellte Inhibierungsmöglichkeit des Wechselwirkungsaustausches bei der Extruder-Verspinnung von Mischungen aus PCA und PÄT angewandt und zwei Grundversuchsserien für das Verspinnen von

Tabelle 1
Bikonstituente Fasern aus PCA und PÄT, erhalten durch direktes Dispergieren und Spinnen

Probe	PCA: PÄT	$T_{Spinn.}$	$C \cdot 10^2$	Inhibitor	W_1	W_2	Spinnfähigkeit	
	Masse %	K	kg/s^{-1}	Masse %	X	X	Tropfen Zahl/ 100 kg	Risse Zahl/ 100 kg
0.	100: 0	543	0,583	—	36,6	4,47	0	0
1.	90:10	543	0,583	—	36,6	4,57	5	0
2.	90:10	543	0,583	—	54,6	4,25	0	0
3.	90:10	543	0,583	—	73,2	3,92	0	0
4.	90:10	543	0,583	—	91,6	3,92	0	0
5.	85:15	543	0,583	—	36,6—54,6	3,92	12	10
6.	85:15	543	0,58	0,50	36,6	4,68	0	0
7.	85:15	543	0,583	0,50	54,6	4,57	0	0
8.	80:20	543	0,583	—	36,6—54,6	3,92	15	16
9.	80:20	543	0,583	0,50	36,6	4,57	0	0
10.	80:20	543	0,583	0,50	54,6	4,25	0	0
11.	75:25	558	0,583	—	36,6—54,6	3,92	18	14
12.	75:25	558	0,583	0,50	36,6	4,36	0	0
13.	75:25	558	0,583	0,50	54,6	4,25	0	0
14.	70:30	563	0,583	—	36,6—54,6	—	besitzt	
15.	70:30	563	0,650	0,50	36,6	3,92	8	6
16.	70:30	563	0,650	1,00	36,6	3,92	5	4

C = Fördermenge der Spinnpumpe; W_1 = Spinnverzug; W_2 = maximales Verstreckverhältnis; nem Stickstoff; A = Löslichkeit in 85%iger Ameisensäure; τ = Zeit der Schichtung der 3%igen

Schmelzedispersionen aus PCA und PÄT mit 10, 15, 20, 25, 30 Masse-% PÄT in PCA durchgeführt. Die Verspinnung der ersten Versuchsserie erfolgte ohne Zusatz, und bei der zweiten mit Zusatz von Inhibitor des Wechselwirkungsaustausches. Die erhaltenen Ergebnisse sind in Tab. 1 wiedergegeben. Der Wechselwirkungsaustauschgrad wurde nach den Parametern P_{PCA} und $P_{PÄT}$ (berechnet nach der Gleichung von Flory für die Erniedrigung der Schmelztemperatur der Copolymere nach den DTA-Daten), der Löslichkeit in 85%iger Ameisensäure und der kinetischen Beständigkeit der Lösungen in Phenol-Tetrachloräthan (1 : 1) ausgewertet. Die Spinnfähigkeit wurde nach der Tropfenanzahl und dem Abriß der Elementarfäden unmittelbar unter der Spinndüse bewertet.

Die erste Serie von Schmelzdispersionen bei PÄT-Gehalt 10 Masse-% weist gute Spinnfähigkeit und Fähigkeit zur Orientierungsstreckung auf. Nur bei sehr hohen Graden der Vororientierungsstreckung erwies sich die Orientierungsreckung als unmöglich (die Fähigkeit zur Orientierungsstreckung wurde beim Reckgrad 3,92 X

der mechanischen Mischung aus den beiden Polymeren

Tex	Zerreiß-festig-keit	Deh-nung	Elastizi-täts-modul	P_{PCA}	$P_{PÄT}$	η_{rel}	N	A	$\tau \cdot 10^{-4}$
—	cN/ tex^{-1}	%	mN · m^{-2}	—	—	—	Masse %	Masse %	s
138,00	62,64	21,00	19,62	—	—	—	100	12,40	—
137,80	52,10	13,04	56,56	0,959	0,972	1,63	100	11,12	61,72
97,40	54,30	14,00	56,26	—	—	—	100	11,12	—
102,50	41,60	13,50	54,77	—	—	—	—	—	—
nicht streckbar									
schwer streckbar				0,949	0,959	1,56	100	10,52	62,10
129,30	62,10	12,50	61,66	0,959	0,972	1,62	97	10,55	54,28
86,74	64,45	10,00	63,33	0,959	0,972	—	—	—	—
nicht streckbar				0,939	0,951	1,58	100	9,93	63,10
132,70	63,00	10,00	66,08	0,969	0,979	1,61	97	9,90	53,28
96,30	62,18	11,10	67,01	—	—	—	—	—	—
nicht streckbar				0,929	0,937	1,58	100	9,32	68,68
101,30	62,95	10,16	69,80	0,959	0,965	1,59	96	9,32	54,72
91,18	63,72	11,28	69,34	—	—	—	—	—	—
keine Spinnfähigkeit				0,919	0,931	1,50	100	8,65	70,28
nicht streckbar				0,959	0,965	1,57	97	8,67	61,20
nicht streckbar				0,959	0,965	1,56	97	8,67	62,24

η_{rel} = rel. Viskosität der 0,5%igen Lösungen in m-Kresol, bei 298 K; N = Gehalt an gebunde-
Probenlösungen in Phenol-Tetrachloräthan (1 : 1), 298 K (25 °C)

(Tab. 1) bewertet. Bei Erhöhung des PÄT-Gehalts in der Dispersion oberhalb 10 Masse-% verschlechtert sich die Spinnfähigkeit, was durch schroffes Ansteigen der Tropfenbildung und der Risse unter der Spinndüse ausgeprägt ist.

Beim Einsatz von 30 Masse-% PÄT in der Dispersion trat ein Zerreißen der Polymerstrählchen unter dem Fadenbildner auf und die Vororientierungsreckung, sogar in niedrigstem Grade erwies sich als unmöglich (Tab. 1).

Die zweite Serie von Schmelzedispersionen (versponnen in Anwesenheit eines Inhibitors der Austauschreaktionen) zeigte bei einem Gehalt an Polyesterkomponente 15, 20 und 25 Masse-% normale Spinnfähigkeit und eine sehr gute Fähigkeit zur Orientierungsreckung. Die erhaltenen bikonstituenten Fasern besitzen die Festigkeit von reinen Polycaproamidfasern und einen höheren Anfangselastizitätsmodul. Die Werte der Kennzahlen, die den Wechselwirkungsaustauschgrad charakterisieren, zeigen, daß dieser Austausch bei der zweiten Versuchsserie sich in niedriger Stufe vollzieht (Tab. 1).

Beim PÄT-Gehalt in der Schmelzedispersion 30 Masse-%, wurden, obgleich schwierig (8 Tropfen, 6 Risse pro 100 kg Produkt) Fäden erhalten, die Verspinnung verlief aber ungleichmäßig und war nur bei höherer Temperatur möglich. Die Erhöhung von Thermostabilisatorkonzentraten bis 1 Masse-% führte zu keiner wesentlichen Verbesserung. Man könnte in diesem Falle annehmen, daß bei der Erhöhung der Anteile der dispersen Phase (im betreffenden Falle des Polyäthylenterephthalats), sich der Einfluß des Dispersionsgrades des Systems auf die Spinnfähigkeit vergrößert, da man bei der Erhöhung der Anteile der dispersen Phase von den Endverhältnissen zu mittleren Mischungsverhältnissen übergeht, wobei die Verträglichkeit im System bei einer und derselben gemeinsamen mechanischen und Thermobehandlungszeit sinkt (vgl. Abb. 11). Um diese Vermutung überprüfen zu können, haben wir eine weitere zusätzliche Versuchsserie über die Verspinnung von Schmelzedispersionen aus PCA und P% beim PÄT-Gehalt in der Dispersion 30 Masse-% durchgeführt. Um den Dispersitätsgrad des Systems zu erhöhen haben wir die Verspinnung nach vorherigem Extruder-Dispergieren von PÄT und PCA (Tab. 2) vorgenommen. Ohne Inhibitor war das Schmelzspinnen nicht möglich, die Fäden ließen sich nicht abziehen. Mit Inhibitor war die Spinnbarkeit normal (Tropfen = 1, Risse = 1 pro 100 kg Produkt), die Fäden waren sehr gut verstreckbar. Die Analyseergebnisse zeigten eine Erniedrigung des Wechselwirkungsaustauschgrades der letzten Proben im Vergleich mit den ohne Inhibitor erhaltenen.

Tabelle 2
Bikonstituente Fasern aus PCA und PÄT (70 : 30 Masse-%) erhalten durch Vordispergieren des mechanischen Gemisches aus den beiden Polymeren (Bezeichnung wie in Tabelle 1)

Eigenschaften		Proben Nr.				
		I	II	III	IV	V
1. *Bedingungen für das Extruder-Vordispergieren*						
Dispergiertemperatur (K)		543	543	543	548	548
$C \cdot 10^2$ Fördermenge der Extruder-Pumpe (kg/s^{-1})		0,25	1,00	1,00	1,00	1,00
Inhibitor (Masse-%)		–	–	0,50	–	0,50
2. *Eigenschaften der Kompositionsprodukte*						
P_{pca}	—	0,969	0,979	0,999	0,979	0,979
$P_{pät}$	—	0,959	0,965	0,993	0,959	0,979
A_{rel}	—	1,57	1,68	1,72	1,65	1,74
$\cdot 10^{-4}$	(Masse-%)	99,90	99,90	94,30	99,60	96,40
	(s)	39,60	30,96	26,64	33,84	32,04

Tabelle 2 Fortsetzung

Eigenschaften	Proben Nr. I	II	III	IV	V
3. *Spinnbedingungen der Kompositions-produkte*					
Spinntemperatur (K)					
C · 10^2 Fördermenge	563	563	563	563	563
der Spinnpumpe kg · s^{-1})	0,583	0,583	0,583	0,583	0,583
W_1 (X)		36,60	54,60		
W_2 (X)	—	—	4,25	—	4,25
Spinnbarkeit	keine	keine	ausge-zeichnet	keine	ausge-zeichnet
Tropen (Zahl/100 kg)	—	—	0	—	1
Risse (Zahl/100 kg)	—	—	1	—	0
4. *Eigenschaften der bikonstituenten Fasern*					
Tex	—	—	96,70	—	97,10
Festigkeit (cN · tex^{-1})	—	—	10,00	—	9,98
Dehnung (%)	—	—	73,21	—	72,80
Elastizitätsmodul (2%) (mN · m^{-2})	—	—	61,20	—	60,25
P_{PCA}	0,899	0,919	0,959	0,889	0,959
$P_{PÄT}$	0,937	0,951	0,965	0,931	0,972
η_{rel}	1,56	1,58	1,63	1,57	1,61
A (Masse-%)	100	100	97	100	98
N (Masse-%)	8,64	8,64	8,67	8,65	8,65
$\cdot 10^{-4}$ (s)	74,80	62,64	55,12	76,92	58,22

Literatur

[1] Dietrich, K., Tolsdorf, S.: Faserf. und Textiltechnik **21** (1970) 7, S. 295—304.

[2] USA Patent Nr. 3 658 981 (1972).

[3] BRD Patent Nr. 1 804 444 (1969).

[4] JA Patent Nr. 446 (1968); Nr. 40 891 (1972).

[5] GB Patent Nr. 1 097 068 (1968); Nr. 1 126 126 (1968).

[6] ND Patent Nr. 6 612 628 (1966); Nr. 6 611 747 (1967).

[7] ND Patent Nr. 6 564 089 (1965).

[8] Kitao, T.; Kibayashi, H.; Ikegami, S.; Ohya, S.: J. Polymer Sci. **11** (1973) S. 2633—2651.

[9] Papero, P. V.; Kubu, E.; Roldan, L.: Text. Res. J. Okt. (1967) S. 823—833.

[10] FR Patent Nr. 1 520 405 (1968).
[11] GB Patent Nr. 1 141 118 (1969).
[12] Koršak, W. W.; Vinogradova, S. V.; Tepljakov, M. M.: Maximov, A. D., Isw. WUS Chimia und chim. technologia Nr. 6 (1967), S. 688—692.
[13] GB Patent Nr. 1 140 463 (1969).
[14] Koršak, W. W.; Vinogradova, S. V.; Tepljakov, M. M.: Tschernomordik, J. A., Dokl. AN UdSSR **147** (1962) S. 1365—1368.
[15] Koršak, W. W.; Vinogradova, S. V.; Tepljakov, M. M.: Visokomol. Soed. (Hochmol. Verbind.), Serija A **12** (1966) S. 2155—2158.
[16] Bruno Jasse M.: C.r. Acad. Sci., Paris **268** (1969) S. 319.
[17] Dobry, A., Kowenski, Boyer, J.: Polymer Sci. **2** (1947) 90.

Bei Fragen zur Produktsicherheit wenden Sie sich bitte an:
If you have any questions regarding product safety,
please contact:

Walter de Gruyter GmbH
Genthiner Straße 13
10785 Berlin
productsafety@degruyterbrill.com